VOLKER KITZ

FEIER ABEND!

Warum man für seinen Job <u>nicht</u> brennen muss

Eine Streitschrift für mehr Gelassenheit
und Ehrlichkeit im Arbeitsleben

 FISCHER

Originalausgabe

Erschienen bei FISCHER Taschenbuch
Frankfurt am Main, März 2017

© 2017 Dr. Volker Kitz
© 2017 S. Fischer Verlag GmbH, Hedderichstr. 114,
D-60596 Frankfurt am Main

Satz: Dörlemann Satz, Lemförde
Druck und Bindung: CPI books GmbH, Leck
Printed in Germany
ISBN 978-3-596-29796-2

Inhalt

Liebe, Arbeit, Mord

Sonne: Wenn Sie dieses Wort *lesen*, geschieht in Ihrem Körper das Gleiche, wie wenn Sie sich in die Sonne *legen*. Die Blutgefäße weiten sich, Wärme kriecht unter die Haut, die Stimmung steigt. Denn wir fühlen Worte. Sie erregen oder betäuben uns, lassen uns zittern oder lachen, lieben oder hassen. Ein Wort ruft eine Vorstellung hervor, und die Vorstellung löst ein Gefühl aus. Dieser Vorgang verrät viel über uns und unsere Einstellung zur Welt.

Ein Forschungsteam der Freien Universität Berlin hat knapp 3000 deutsche Worte auf ihre Wirkung untersucht. Die negativsten Gefühle lösen »Giftgas«, »Krieg« und »Mordtat« aus. Am positivsten stimmen uns »Liebe«, »Paradies«, »Freiheit«. Alles andere liegt dazwischen.

In der Liste verbirgt sich ein faszinierender Fund: Fast jedes Wort wirkt als Verb ähnlich wie als Substantiv, die Sache, das Phänomen, löst also ähnliche Gefühle aus wie das Tun. »Trennung« und »trennen« stimmen uns zum Beispiel beide negativ, »Reise« und »reisen« beide positiv. Zwei auffällige Ausnahmen von dieser Regel gibt es.

Über die eine reden wir später. Die andere betrifft das Wortpaar »Arbeit« und »arbeiten«: Der Begriff »Arbeit« ruft gute Gefühle hervor. Das Tätigkeitswort »arbeiten« stimmt die Menschen negativ.

Arbeit macht glücklich, arbeiten unglücklich.

Das ist die einfache Erkenntnis aus einem Experiment, das sich nicht mit der Arbeitswelt befasst, sondern mit der Macht der Sprache. Sie ist interessant, denn sie deckt sich mit dem, was Forscher herausgefunden haben, die gezielt klären wollten: Wie wirkt Arbeit? Fragt man Menschen, wie zufrieden sie *generell* mit ihrem Leben sind, siedeln sich Berufstätige auf der Glücksskala höher an als Arbeitslose. Die »Vermächtnisstudie« der Wochenzeitung *Die Zeit* aus dem Jahr 2016 ist nur eine von vielen, die das belegt: »Das Leben genießen« fanden 82 Prozent der befragten Bevölkerung sehr wichtig – »erwerbstätig sein« 85 Prozent. Arbeit haben ist wichtiger als das Leben genießen! *Die Zeit* interpretiert: »Ich arbeite gerne!«

Doch das ist falsch. Die Menschen haben nur gerne Arbeit.

Denn es gibt auch diese Daten: Fragt man Erwerbstätige zu verschiedenen Tageszeiten, wie es ihnen *in diesem Moment* geht, entsteht ein ebenso eindeutiges Bild. Glücklich sind sie, wenn sie gerade mit Freunden feiern, eine Katze streicheln, vor dem Fernseher sitzen – also nicht arbeiten. Unglücklich sind sie, wenn sie gerade arbeiten. Der prominente ökonomische Glücksforscher Richard Layard hat untersucht, welche Tätigkeiten am glücklichsten machen. Folgendes Ranking hat er ermittelt: Sex haben, mit anderen Menschen gesellig sein, essen, Sport treiben. Arbeiten steht auf der Liste nicht vorne, sondern hinten.

Dass wir die Arbeit mögen, doch nicht das Arbeiten, scheint paradox. Dem Rätsel wollen wir nachgehen. Meine These lautet: Nicht die Arbeit macht Menschen unglücklich, sondern die Lügen, die wir uns darüber erzählen. Arbeit existiert in unseren Köpfen als Idee, als Ideal. Die Wirklichkeit, der Arbeitsalltag, hält der Vorstellung nicht stand. Sie enttäuscht uns, wir leider. Deshalb lieben wir die Idee und verabscheuen die Ausführung.

Der bisherige Lösungsansatz lautet: die Wirklichkeit der Vision anpassen. Doch versuchen das so viele seit so langer Zeit. Arbeitgeber jagen der Motivationsformel hinterher; eine milliardenschwere Beratungsindustrie greift ihnen unter die Arme. Geholfen hat es nichts. Der Anteil der Menschen, die von ihrer

Arbeit enttäuscht sind, ist unbarmherzig konstant. Entweder stellen sich die Berater jämmerlich an – oder der Ansatz ist falsch.

Es lohnt sich daher, über den umgekehrten Weg nachzudenken: die Idee der Realität anpassen. Wir haben ein Glaubensgerüst verinnerlicht, das kaum jemand anzweifelt, das aber einstürzt, sobald man sich nüchtern mit ihm auseinandersetzt. Das werden wir in den folgenden Kapiteln tun. Es wird manchmal schmerzen und manchmal belustigen. Der Gang von der Lüge zur Wahrheit ist eine Kneippkur der Gefühle.

Diese Schrift streitet für einen modernen, pragmatischen Umgang mit Arbeit. Schreiten wir dabei auch durch Ernüchterung, der Tenor ist positiv: Die Wahrheit ist gutartig; sie desillusioniert in befreiender, hoffnungsfroher Weise. Wer den Befreiungsschlag getan hat, für den ist arbeiten nichts Negatives mehr.

Eine Wunderkugel

Paradies ist nicht nur eines der glücklich machenden Worte. Es ist auch der Beginn der Beziehung zwischen Arbeit und Mensch.

Ein wesentliches Merkmal des biblischen Paradieses ist, dass Adam und Eva nicht arbeiteten. Die Erde, soeben erschaffen, gab ihnen, was sie brauchten. Arbeit existierte weder als Idee noch als Tätigkeit. Die Schlange kam, verführte Eva, und Eva verführte Adam; sie aßen vom verbotenen Baum. Gott bestrafte sie: Er brachte Arbeit in ihr Leben. »Unter Mühsal«, berichtet die Bibel, sollte sich der Mensch nun ernähren, den Erdboden »bearbeiten«. So kam die Arbeit über uns, als Strafe.

Diesen Ruf behielt die Arbeit lange. Die Urmenschen jagten und sammelten, um Hunger zu stillen. Dann legten sie sich zur Ruhe. Jagen und sammeln waren Notwendigkeiten.

In der Antike kam kein ehrenwerter Bürger auf die Idee, einer Erwerbsarbeit nachzugehen. Das Ideal bestand darin, *nicht* zu arbeiten. Man verbrachte die Zeit mit Lernen und Philosophieren, dachte über Staat und Gesellschaft nach. *Das* machte einen guten Menschen aus. Arbeit überließ man Sklaven und dem gemeinen Volk. Die Mönche des Mittelalters verbüßten mit Arbeit ihre Sünden.

Im 16. Jahrhundert kam Martin Luther. Er nannte die Arbeit »Beruf« und erklärte sie zur Bestimmung des Menschen vor Gott. Erst jetzt wurde »Arbeit« zu einem Konzept. Sie wurde ideologisch aufgeladen.

500 Jahre seit Martin Luther mögen lang erscheinen. Doch die Ursprünge der Menschheit liegen etwa sechs Millionen Jahre zurück. Sechs Millionen Jahre lang war Arbeit, sofern man sie überhaupt als Phänomen wahrnahm, Last oder Strafe. Ihre Glorifizierung schreitet erst seit 500 Jahren voran – sie nimmt 0,008 Prozent der Geschichte der Menschheit ein. Dass Arbeit reizvoll sein soll, ist alles andere als selbstverständlich.

Und doch sind wir heute keine Urmenschen mehr, leben nicht mehr in Antike oder Mittelalter, sondern in einer modernen Gesellschaft. Wir kämpfen, zumindest in unserem Land, nicht mehr jeden Tag ums Überleben. Maschinen haben uns Arbeit abgenommen und Zeit geschenkt. In dieser Zeit konnten wir uns selbst studieren und unsere Bedürfnisse betrachten. Es wäre naiv, heute als Ideal den griechischen Denker Diogenes zu predigen, der in einer Tonne kauerte und in den Tag hinein philosophierte.

Arbeit hat eine Bedeutung für den modernen Menschen. Wer anderes behauptet, schlägt denen ins Gesicht, die darunter leiden, dass sie keine haben. Die sich nicht als Teil der Gesellschaft empfinden, deren Freunde sich abwenden, denen ihr Leben entgleitet. Arbeit weist uns einen Platz in einer Gesellschaft an, die etwas mit uns anzufangen weiß. Arbeit gibt uns einen Tagesablauf, lässt uns aus dem Haus und mit anderen in Kontakt treten. Sie verschafft ein Einkommen, das begrenzt unabhängig macht. Wer Arbeit will und keine hat, kann ernsthaft erkranken, äußerlich, innerlich. Der Verlust der Arbeit gehört, wie der Verlust eines Partners, zu den traumatischen Einschnitten, an denen Leben zerbrechen.

Damit ist erklärt, warum wir gerne Arbeit haben, warum wir Arbeit brauchen, um in der heutigen Gesellschaft zufrieden zu sein. Dabei hätten wir es belassen können. Leider war es zu verlockend, weiterzugehen.

Wo sind wir heute mit unserer Vorstellung von Arbeit angelangt? Schlendern wir über einen Jahrmarkt.

Sie bleiben am Stand einer Frau stehen, die eine geheimnisvolle Kugel anpreist.

»Wenn Sie diese Kugel mitnehmen«, schwärmt sie, »wird sich bei Ihnen Erfüllung einstellen. Diese Kugel gibt Ihrem Leben einen Sinn, den Kugellose vergeblich suchen.«

»Wird das nicht langweilig mit der immer selben Kugel?«, grübeln Sie.

»Oh nein, die Kugel ist jeden Tag anders. Mal leuchtet sie rot, mal blau. Sie wird Sie ständig herausfordern. Und sie bietet Ihnen einen gewaltigen Gestaltungsspielraum: Sie glauben nicht, wie viele Möglichkeiten es gibt, diese Kugel zu Hause zu haben!«

Die Kugel schimmert Sie freundlich an.

»Vereinsame ich nicht, allein mit einer Kugel?«

»Nicht doch, die Kugel wird dafür sorgen, dass Sie nur nette Menschen um sich herum haben, die aus jeder Pore Freude versprühen wie Sie.«

»Hoffentlich habe ich genug Geld dabei«, murmeln Sie hastig, »was kostet die Kugel denn?«

»Aber bitte, nichts! Wenn Sie sie mitnehmen, *bekommen* Sie Geld: jeden Monat ein paar tausend Euro, automatisch auf Ihr Konto. Sie müssen mir nur Ihre Bankverbindung aufschreiben.«

Sollen Sie die Polizei rufen? Wer solche Versprechungen macht, ist nicht nur unseriös, sondern meist kriminell; selbst schuld, wer darauf hereinfällt. Es sei denn, wir befinden uns im Arbeitsleben. Da rufen wir nicht die Polizei, sondern verkaufen uns gegenseitig die Wunderkugel: Spiel, Spaß und Spannung, Sinn, Erfüllung, Selbstverwirklichung. Famose Leute um uns herum. Das ist die Idee der Arbeit, wie wir sie heute im Kopf haben. So erzählen es die Stellenanzeigen, so erzählen es die Führungskräfte. Arbeit wurde nur erfunden, um diejenigen zu beglücken, die sie machen: In teuren Bulletpoints stellen Berater »den Menschen in den Mittelpunkt«. Die »Leidenschaft« ist das »Learning«. Unternehmen betreiben Marketing heute nicht nur gegenüber Kunden, sondern auch gegenüber Mitarbeitern und solchen, die es werden sollen. Die gesamte Trickkiste der Verkaufsstrategien kommt zum Einsatz. »Employer Branding« nennt man das offenherzig.

Doch 30 Millionen Menschen frusten allein in Deutschland vor sich hin: Tag für Tag, über Branchen-, Hierarchie-, Alters- und Geschlechtergrenzen hinweg. Das belegen regelmäßig Studien. Der »Gallup Engagement Index« zum Beispiel findet jedes Jahr heraus: Nur um 15 Prozent aller Beschäftigten identifizieren sich so mit ihrem Unternehmen, brennen für ihren Job, wie sie nach der Wunderkugeltheorie sollten. Diese Zahlen haben sich in den letzten 15 Jahren nicht verändert. Das stimmt niemanden nachdenklich. Im Gegenteil: In immer größere, immer unrealistischere Versprechen verstricken sich Arbeitgeber.

Arme Führungskräfte! Ihr müsst diesen phantastischen Zielen hinterherhecheln. Manche von euch glauben daran, andere schon lange nicht mehr.

Arme Mitarbeiterinnen und Mitarbeiter! Je mehr ihr verkündet bekommt, wie toll ihr eure Arbeit finden sollt, desto frustrierter zieht ihr euch zurück.

Wenn Arbeit uns Erfüllung, Selbstverwirklichung und Glück bringt, unserem Leben nicht weniger als einen Sinn schenkt – warum werden wir dafür bezahlt? Es sind Mythen wie diese, die schön klingen, aber schädlich sind, die Zufriedenheit nicht schaffen, sondern zerstören. Und die Produktivität gleich mit. Das 1000-Prozent-Rendite-Versprechen – wie naiv sind wir?

Natürlich gibt es Menschen, die uns vorleben, wie sie ihren Job lieben, die ihrer Arbeit jeden Tag einen langen, leidenschaftlichen Zungenkuss geben. Sie blende ich nicht aus; ich komme noch auf sie zu sprechen (ebenso wie auf die Frage, die Sie vielleicht jetzt schon stellen: »Sollen wir also unter unserer Arbeit möglichst leiden?«). Momentan nur so viel: Es handelt sich um eine winzige Gruppe mit besonderen Voraussetzungen. Diese Handvoll Immergutgelaunter kann das Rad der Wirtschaft nicht drehen. Und sie bestimmt nicht darüber, wie glücklich eine Gesellschaft ist. (Und nein, die Aussage dieses Buches ist nicht, dass Arbeit eine Qual sein soll. Auch dazu später mehr.)

Das Herz der Gesellschaft, das Herz des Wirtschaftslebens – das ist die Masse der arbeitenden Bevölkerung. Soll es schlagen, müssen wir uns an dieser Masse orientieren, nicht an ein paar Ausnahmen. In den nächsten Kapiteln untersuchen wir Mythos und Wirklichkeit der Arbeit, wie sie sich für die Masse der arbeitenden Bevölkerung darstellen, Lüge für Lüge, Märchen für Märchen.

Die Lebenslügen des Arbeitslebens

Leidenschaft

Kürzlich sollte ich einen Vortrag auf einer Tagung für Personaler halten. Mein Vorredner war ein prominenter Mann. Sein Thema: Glück bei der Arbeit. Seine These: Wer es nicht gefunden hat, ist selbst schuld. Sein Beleg: eine wahre Geschichte, die ans Herz geht. Ein Herzchirurg in Zürich rettet Leben, verdient viel Geld, ist renommiert. Mit 56 Jahren fällt ihm ein, dass seine Leidenschaft das Lkw-Fahren ist. Er macht den Lkw-Führerschein, tauscht Skalpell gegen 460 PS und brettert mit 40 Tonnen über die Straßen Europas. Seine Verwandlung erregte Aufsehen, viele von Ihnen werden sie kennen.

Das Publikum schaut gerührt: Ja, so einfach ist es, mit seiner Arbeit glücklich zu sein. Was mache ich falsch?

Ich beschließe, meinen vorbereiteten Vortrag zur Seite zu legen.

»Stellen wir uns vor«, lade ich die Gäste ein, »die Geschichte hätte umgekehrt begonnen: Ein Lkw-Fahrer findet mit Mitte fünfzig heraus, dass sein Lebenstraum darin besteht, als angesehener Herzchirurg zu arbeiten.«

Weiter komme ich nicht, Gelächter bricht aus. Die inspirierenden Erzählungen von Menschen, die ihrem Herzen folgen und plötzlich etwas ganz anderes machen – manchmal müssen wir sie nur umdrehen, um zu merken, welchem Blödsinn wir aufsitzen.

Die Geschichten schaden, denn sie suggerieren zweierlei. Erstens: Es ist so leicht, eine Arbeit zu machen, für die man brennt; nur Trottel tun das nicht. Zweitens: Leidenschaft ist das Maß der Dinge im Arbeitsleben.

Beides ist falsch.

»Einfach nur der Leidenschaft folgen« – das ist eben doch nicht so einfach. Die Masse der Gesellschaft besteht nicht aus berühmten Herzchirurgen, sondern aus Lkw-Fahrern, wörtlich und im übertragenen Sinn. Der Lkw-Fahrer steht für alle, die nicht einfach »nur« herausfinden müssen, was sie erfüllt, und daraus ab morgen einen Beruf machen. Bankangestellte, Krankenschwestern, Controller: Die Masse der arbeitenden Bevölkerung kann ihren Job nicht wechseln wie ein Profilfoto auf Facebook.

Das hat nicht nur mit Ausbildung und Hierarchieebene zu tun: Es gibt mittlere Manager, die BWL-Abschluss, glänzende Referenzen und einen Traum haben, sagen wir, von der eigenen Surfschule in Kalifornien. Sie haben aber auch Ehepartner und Schulkinder und ein Haus gebaut. »Wenn die Surfschule dein Glück ist, worauf wartest du?« – der Rat hilft der Abteilungsleiterin so wenig wie ihrem Assistenten. Auch das Alter ist nicht so egal, wie es beim 56-jährigen Herzchirurgenbrummifahrer scheint: Was, wenn sein Kindheitstraum Profifußballer gewesen wäre?

Dass etwas schwer zu erreichen ist, spricht noch nicht dagegen, es sich zum Ziel zu setzen. Ist es eben ein anspruchsvolles Ziel. Leidenschaft zum Maß der Dinge zu erheben wäre sinnvoll, wenn leidenschaftliche Arbeit eine Garantin für gute Ergebnisse und ein zufriedenes Leben wäre. Danach klingt ja das Leidenschaftsgeklingel, das heute in Leitbildern und anderem Unternehmenssprech wuchert: Autos bauen, Überweisungen ausführen, Hoteltoiletten schrubben – all das wird »mit«, wenn nicht »aus Leidenschaft« gemacht. Hier leisten begeisterte Menschen gute Arbeit, wollen die Unternehmen damit sagen. Es ist das Pendant zur »guten Milch von glücklichen Kühen«.

Wer die Leidenschaftsthese überprüfen will, schaue eine Folge *Deutschland sucht den Superstar*. In dieser Fernsehsendung stellen Kandidaten ihr musikalisches Können unter Beweis. Es wimmelt von Menschen, die vor Leidenschaft platzen, deren Lebensliebe die Musik ist. Die mit Hingabe vor der Jury singen. Und trotzdem nur Spott einfangen, weil sie frei von Können sind. Natürlich kommt es vor, dass leidenschaftliche Leute gut singen. Aber selbst ihnen sagen die erfahrenen Jurymitglieder oft, dass ihnen für die Karriere zum Superstar etwas fehlt: Realitätssinn. In der Musikbranche am weitesten bringen es diejenigen, die nicht nur singen können, sondern zum Singen als Beruf auch eine nüchterne Distanz haben. *Deutschland sucht den Superstar* ist ein kurzweiliger Beweis dafür, was Leidenschaft mit der Frage zu tun hat, ob jemand seine Arbeit gut macht: nichts. Das Kundenversprechen, das Unternehmen mit der Behauptung verbinden, bei ihnen gehe es leidenschaftlich zu, habe ich noch nie verstanden.

Außerhalb des Fernsehens gibt es weniger unterhaltsame, aber nicht weniger überzeugende Belege gegen die Leidenschaftsthese. Rechtsanwälte beherzigen die Regel, sich in einer wichtigen Angelegenheit nicht selbst zu vertreten. Ärzte operieren ungern Angehörige. Der Grund: Zu viel Leidenschaft, weil man betroffen ist, weil die Distanz fehlt. Auch für andere Tätigkeiten gilt: Rationale Entscheidungen, besonnenes Handeln und sorgfältige Arbeit gedeihen selten auf dem Lehmboden der Leidenschaft.

Ein nüchterner Kopf liefert bessere Ergebnisse als ein leidenschaftstrunkener. Ein Autor kann mit Eifer ein grauenhaftes Buch schreiben. Eine Zahnärztin kann Ihnen mit Hingabe die Zähne ruinieren. Ein Flugbegleiter kann Ihnen vor aufgeregter Begeisterung den Kaffee über die Bluse kippen. Jeder findet in seiner Umgebung leidenschaftliche Versager.

Was bei vielen Unternehmen im Argen liegt, hat nichts mit zu wenig Leidenschaft zu tun. Ich war Kunde eines Lieferdienstes für frische Lebensmittel. Die Waren hatten gute Qualität. Im Unternehmen arbeitet man, wie es auf seiner Website klarstellt, »mit Leidenschaft«. Leider scheiterten die Mitarbeiter an einem einfachen Blick in den Kalender. Sie lieferten am falschen Tag; die Lebensmittel gammelten im hochsommerheißen Treppenhaus vor sich hin, während ich verreist war. Es sind scheinbar banale Dinge, deren Fehlen die täglichen Fehler auslöst: Sorgfalt und Zuverlässigkeit, Konzentration und Aufmerksamkeit. Einen Termin im Kalender eintragen. Eine E-Mail gewissenhaft lesen. Einer Kundin oder einem Mitarbeiter genau zuhören. Ein Rückrufversprechen einhalten. Nachdenken, bevor man spricht. Sich am nächsten Tag an das erinnern, was man gesagt hat, und sich daran messen lassen. Korrekt schreiben und rechnen. Für diese schlichten Anforderungen braucht man Besonnenheit und die Bereitschaft, sich mit De-

tails zu beschäftigen. Leidenschaft ist die Gegen-
spielerin dieser Fähigkeiten. Sie schafft ein erregtes
Grundrauschen, das nüchterne Distanz zum eigenen
Handeln zerstört. Sie täuscht mit flotten Floskeln dar-
über hinweg, dass gute Arbeit oft aus unglamourösen
Zutaten entsteht.

Vor allem braucht gute Arbeit eines: Empathie,
nach innen wie nach außen. Nur wer seine Kunden
kennt, wer weiß, was sie wollen und was sie stört,
kann sie zufriedenstellen. Nur wer seine Mitarbeiter, Kolleginnen und Vorgesetzten versteht, kann
sich innerhalb einer Organisation nützlich machen.
Empathie setzt voraus, dass ich meinen Standpunkt
verlasse, mich in eine andere Person hineinversetze.
Das klingt anspruchslos, doch gehört der Perspektiv-
wechsel zu den Aufgaben der Meisterklasse. Um in
einen fremden Kopf zu schlüpfen, brauche ich Distanz zu mir und meiner Arbeit. Leidenschaft ist das
Gegenteil davon. Bei der Leidenschaft dreht sich alles nur um mich und mein Verhältnis zur Arbeit. Und
darum, wie innig es ist. Je mehr ich meine Arbeit liebe,
desto mehr ist sie für mich Selbstzweck. Um andere
geht es dabei nicht.

Start-ups, junge, frische Unternehmen, bieten An-
schauungsmaterial. Zwei Dinge sind bei ihnen ausge-
prägt: die Leidenschaft – und die Floprate. Gründer
brennen für ihre Idee, ihr Projekt ist ihr Leben. Mit-

arbeiter eines Start-ups identifizieren sich derart mit ihrer Arbeit, dass sie sie oft für wenig oder kein Geld erledigen. Schätzungen zufolge hat aber nur eins von zehn Start-ups Erfolg. Die anderen verschwinden in der Versenkung; sie lassen ihre Gründer verschuldet zurück oder enden als Hobby. Den Mitarbeitern wird ihr unterbezahltes Engagement mit Entlassung gedankt. Die Unternehmen sterben, weil Menschen zu leidenschaftlich waren, zu vernarrt in ihre Idee. Weil sie vor lauter Leidenschaft nicht bemerkt haben, dass sie ein Produkt anbieten, das niemand braucht – oder das schlecht ist. Manche werkeln jahrelang vor sich hin, basteln verträumt an Briefbögen, Visitenkarten und Internetseiten, bevor sie zum ersten Mal einen Kontakt mit der Realität wagen. Sie staunen, wenn sie erfahren, dass es für ihre Pläne nicht einen einzigen Geldgeber gibt oder nicht eine einzige Kundin. Um diese Frage rechtzeitig wichtig zu finden, hätten sie Empathie gebraucht. Doch Leidenschaft hat der Empathie keinen Raum gelassen.

Unternehmen, die der Leidenschaft huldigen, schädigen sich aus einem weiteren Grund: Jedes Unternehmen kann sich nur halten, wenn es auf Dauer mehr Geld einnimmt, als es ausgibt, wenn es das bestmögliche Ergebnis mit dem kleinstmöglichen Aufwand erreicht. Das nennt man Effizienz. Einmal sprach ich mit einem leidenschaftlichen mittleren

Manager in einem Medienkonzern. Ich wagte es, ihm nahezulegen, dass er ein bestimmtes Ergebnis mit weniger Arbeitsschritten erreichen könnte. Ehrlich erstaunt sah er mich an: »Daran habe ich kein Interesse. Ich arbeite gerne.« Schöner kann man es nicht auf den Punkt bringen: Leidenschaft ist die Feindin der Effizienz. Wer in seine Arbeit verschossen ist, sucht nicht nach Möglichkeiten, dasselbe Ergebnis mit weniger Arbeitsschritten hinzubekommen.

Ein Plädoyer gegen den Leidenschaftszwang ist also kein Plädoyer gegen gute Arbeit, im Gegenteil. Doch Achtung, Umkehrschlussfalle: Natürlich bedeutet das nicht, dass leidenschaftslose Leute *automatisch* bessere Arbeit leisten. Leidenschaft und Arbeitsqualität sind einfach zwei unterschiedliche Messgrößen.

Aber erfordert ein zufriedenes Leben nicht eine Arbeit, für die man brennt? Nun, es gibt Menschen, die leidenschaftlich arbeiten und mit ihrem Leben glücklich sind. Und es gibt Menschen, die leidenschaftlich arbeiten und mit ihrem Leben unglücklich sind. Brodelt die Leidenschaft zu blubbernd, birgt sie die Gefahr, dass das restliche Leben in der Arbeit verkocht, dass die Arbeit die Lebensstimmung bestimmt, immer und überall, dass ein Gefühl des Mangels kommt, früher oder später. Eine große Midlife-Crisis entspringt nicht selten einer (ehemals) großen Leidenschaft für den Beruf. Je verliebter das

Verliebtsein, desto ernüchternder die Ernüchterung – das kennen wir aus anderen Bereichen. Und dass »ausbrennen« mit »brennen« zu tun hat, hat inzwischen jeder gemerkt. Hingegen gibt es auch genügend glückliche Menschen, die für ihren Beruf *nicht* brennen. Leidenschaft bei der Arbeit steht in keinem zwingenden Verhältnis zu einem gelungenen Leben.

Es ist der Leidenschaft*szwang*, der über Generationen einen Schleier des Unglücklichseins gelegt hat. Dass wir so tun, als wäre Leidenschaft bei der Arbeit Normalfall und Idealfall zugleich: Wer seine Arbeit nicht mit an Besinnungslosigkeit grenzender Hingabe verrichtet, ist sich und anderen suspekt. Millionen sitzen im Büro, stehen am Fließband oder kriechen mit einem feuchten Tuch auf dem Boden herum und fragen sich: Was läuft falsch bei mir, wenn ich dabei keine Leidenschaft spüre? Sie suchen, grübeln und verzweifeln, weil in ihrem Leben etwas nicht »stimmt«.

Dabei besteht das Problem der meisten nicht darin, dass ihre Lebensumstände sie daran hindern, ihren Berufstraum aus Kindertagen wahrwerden zu lassen. Ihr »Problem« lautet: Sie *haben* gar keinen »Traumjob«. Käme die Fee mit dem Zauberstab, wüssten sie nicht, welche Arbeit sie sich wünschen sollten, die sie brennen ließe, wie die Gesellschaft es von ihnen erwartet. Sie können sich nicht vorstellen, Leidenschaft in der Arbeit zu finden – und sie suchen sie dort nicht.

Sie ziehen ihre Befriedigung aus vielen Bereichen des Lebens, von denen Arbeit nur einer ist. Diese Menschen sind Fremdkörper in einem Denksystem, das Brennen für die Arbeit mit einem gelungenen Leben gleichsetzt. Bemitleiden sollten wir diejenigen, für die »Leben« und »Arbeitsleben« synonym sind – stattdessen leiden die Menschen, die einen »Traumjob« nicht einmal im Kopf haben.

Der Herzchirurg hat das Lkw-Fahren nach ein paar Jahren aufgegeben. Der Wettbewerb in der Branche war erdrückend. Das erwähnte mein prominenter Vorredner auf der Tagung nicht. Leidenschaft sieht nur, was sie sehen will.

Herausforderung

Möchten Sie mit einem Piloten fliegen, der vor dem Start verkündet: »Dieser Flug ist eine Herausforderung für mich.«? Würden Sie auf dem Behandlungsstuhl einer Ärztin ausharren, die Ihnen mitteilt: »Für meine Mitarbeiterin birgt ihre Tätigkeit ständig neue Herausforderungen; jetzt wird sie Ihnen Blut abnehmen.«? Und doch können wir sicher sein, dass beide Berufe genau so angepriesen wurden: als aufregende Herausforderung.

Ich kenne kein Interview, in dem ein Personaler sagt: »Bei uns gibt es auch langweilige Dinge zu tun.« Unternehmen inserieren den ödesten Schreibtischjob als »spannende Herausforderung«. Und ich kenne niemanden, der eine eintönige Arbeit *sucht*. Routine-tätigkeiten kommen weder in Stellen*angeboten* vor noch in Stellen*gesuchen*.

Das bestaune ich. Denn alle Tätigkeiten, denen wir täglich nachgehen, *sind* Routine. Doch wenn wir über Arbeit reden, ist dieser Teil der Arbeitswelt nicht existent.

Das lernen wir bereits, wenn wir lernen. In Lehre, Ausbildung oder Studium ist die Kurve steil. Neues wird eingeübt, weiter geht's, nächstes Kapitel. Kein Stillstand, keine Routine, immer Herausforderungen. Auf die Berufsaus*bildung* trifft das zu, denn ausgebildet wird man mit schwierigen Aufgaben, nicht mit leichten. Dass es in der Berufsaus*übung* umgekehrt sein wird, sagt uns niemand.

Aus anderen Quellen erreichen uns keine Informationen, die dieses Bild korrigieren. Kommt das Arbeitsleben in Büchern, Zeitungen, Film oder Fernsehen vor, geht es nie um Alltagsroutine. Sie bietet keinen Stoff für eine Geschichte, weder für Reportage noch Fiktion. Ein Arzt rettet jede Sekunde Leben, die Stewardess eines Kreuzfahrtschiffs bringt Menschen zusammen (Traumhochzeit folgt!), der

Förster kämpft gegen die Umgehungsstraße. »Unser Lehrer Dr. Specht« stürzt sich in waghalsige Einsätze, um die Familienprobleme seiner Schüler zu lösen – in der Klasse sieht man ihn selten, die Kinder lernen brav ihren Stoff, ganz allein. Der Journalist ist dem Skandal auf der Spur, die Pfarrerin rettet einen Selbstmörder. Ein Formular ausfüllen, eine Kostenstelle eintragen, Klassenarbeiten korrigieren, ein Medikament verschreiben, eine Predigt aufsetzen, einen Bericht über die langweilige Pressekonferenz in den Computer tippen – was 95 Prozent der dargestellten Berufe ausmacht, findet in den Medien nicht statt.

Ich habe Jura studiert. Während des Studiums geht es um schwierige Fälle wie diesen: Ein Mann bringt seine kranke Frau nicht ins Krankenhaus, denn er ist sehr gläubig und will sie gesundbeten. Die Frau stirbt. Muss der Mann ins Gefängnis oder hilft ihm die Glaubensfreiheit? (Der Mann wurde freigesprochen.) Auch im Staatsexamen kommen die kniffligen, außergewöhnlichen Fälle. Viele entschließen sich zu einem Jurastudium, weil sie den Film *Der Regenmacher* gesehen haben, nach dem Roman von John Grisham. Darin kämpft ein Junganwalt für eine Mutter, deren Kind an Leukämie erkrankt ist – gegen die übermächtige Krankenversicherung, gegen eine Phalanx erfahrener, eiskalter Kollegen. Er gewinnt und erstreitet 50 Millionen Dollar für Mutter und Kind.

All das steht im gewaltigen Gegensatz zum Berufsalltag von Richterinnen und Rechtsanwälten. Dort verlaufen die meisten Fälle nach diesem Schema: A ist B hinten draufgefahren, Stoßstange kaputt. B will neue Stoßstange. Natürlich geht es nicht nur um Verkehrsunfälle. Doch selbst in internationalen Wirtschaftskanzleien verbringen die Besten der Besten den größten Teil ihrer Zeit damit, Verträge zu prüfen, in Telefonkonferenzen zu hängen, Memos zu lesen oder zu schreiben. Fälle wie der des Regenmachers kommen vor. Aber um die Wirklichkeit abzubilden, müssten auf einen *Regenmacher*-Film zehntausend Filme kommen, in denen eine Anwältin 90 Minuten am Schreibtisch sitzt und in Akten blättert.

In anderen Berufen ist es nicht anders. Einsteiger erleben einen Schock, wenn sie erfahren, wie sich der Arbeitsalltag von dem unterscheidet, was sie aus Ausbildung und Medien kennen. Statt sich mit der Normalität anzufreunden, leiden sie und sind sicher, dass sie den falschen Beruf erwischt haben.

Dabei gibt es nur zwei Arten von Tätigkeiten: Die einen *sind* langweilig. Die anderen *werden* es.

Was ist aufregend daran, einen Versichertenleistungsanspruch zu prüfen, Gehälter anzuweisen, Getränke über eine Theke zu reichen oder einem Menschen den Brustkorb abzuhorchen? Diese Dinge *klingen* nicht einmal interessant. Und es ist lächerlich, so zu tun, als wären sie spannend, ereignisreich und herausfordernd. Der Alltag der meisten Berufe ist anspruchslos und eintönig, und zwar unabhängig davon, ob jemand ungelernt oder promoviert ist. Es trifft alle.

Andere Tätigkeiten *klingen* zumindest interessant: Flugzeuge steuern, Herzen operieren, Livesendungen moderieren, zum Beispiel. Sie *sind* auch interessant und herausfordernd – am Anfang. Ab dem zweiten Tag regiert die Macht der Gewöhnung. Die Psychologie nennt sie geschwollen »Habituation«. Ein eindrucksvolles Experiment weist nach, dass uns der Effekt bereits vor der Geburt befällt: Man bedröhnt Babys im Mutterleib mit einer Hupe. Beim ersten Mal zucken sie zusammen. Schon beim zweiten Mal lässt die Reaktion nach, mit jeder Wiederholung wird die Hupe für die Babys langweiliger.

So ist es mit allem, was wir tun: Bereits die erste Wiederholung macht es weniger interessant. Das kennen alle, die 20 Jahre verheiratet sind, und viele, die zwei Monate verheiratet sind. Nur im Arbeitsleben glauben wir, es gelte eine Ausnahme von der generellen Funktionsweise des menschlichen Wesens.

Dabei wissen wir es nicht nur besser, sondern vertrauen sogar darauf. Denn die Gewöhnung ist auch ein Segen: Sie lässt uns Dinge lernen. Denken Sie an den Piloten und die Arzthelferin vom Anfang dieses Abschnitts. Wir verlassen uns auf Menschen mit

Routine, die ihre Arbeit »im Schlaf« erledigen, und wir wissen, dass es solche Menschen gibt. Säßen überall Leute, die gerade eine Herausforderung vor sich haben, bräche die Gesellschaft zusammen. Kein Unternehmen würde funktionieren, wenn seine Mitarbeiter so »herausgefordert« wären, wie es behauptet. Wir sind auf Routine angewiesen, aber keiner will sie machen.

Hinzu kommt, dass wir die Bürokratie ausblenden. Wer beschwert sich heute nicht darüber, dass ihn Formulare, Anträge, Berichte, Berechnungen von seiner »eigentlichen Arbeit abhalten«? Dabei muss jede Tätigkeit verwaltet werden. Sobald sie in ein System eingebunden ist – und das sind alle beruflichen Tätigkeiten – müssen wir uns mit anderen abstimmen, sie informieren und uns informieren lassen. Berichte, Protokolle, Formulare, Anträge, Budgetplanungen – all das hält nicht von der »eigentlichen Arbeit« ab. Es ist *Teil* der Arbeit.

Viele beklagen, sie seien für ihre Tätigkeit »überqualifiziert«. Überqualifikation bedeutet: Mehr wissen und können als für die tägliche Arbeit nötig ist. Das allerdings ist der Normalfall. Gute Arbeit setzt einen Puffer aus Wissen und Können voraus. Hin und wieder an Grenzen stoßen ist eine willkommene Abwechslung. Doch dauerhafte Überforderung wünscht sich niemand. Was wir uns vorstellen, ist also ein Job, in dem wir *ständig alles* anwenden, was wir in mehreren Jahren Studium oder Ausbildung gelernt haben, der *ständig* die gesamte Bandbreite unseres Könnens beansprucht – kein bisschen mehr und kein bisschen weniger. Aber wie müsste ein solcher Job aussehen? Oft gibt es ein passendes Tätigkeitsprofil nicht einmal in der Phantasie.

Bleibt eine Frage: Wenn der Arbeitsalltag hauptsächlich aus Routine besteht, warum reden viele über Stress? Aus zwei Gründen: Es gibt Menschen, die wirklich Stress haben. Und solche, die Stress simulieren.

Zur ersten Gruppe, Menschen, die Stress *haben*: Auch mit Routineaufgaben kann man jemanden unter Stress setzen – man muss ihm nur genug davon geben. Stutzt eine Versicherung die Abteilung »Schadensregulierung« auf halbe Größe zusammen, macht das die Arbeit nicht anspruchsvoller. Aber der Berg auf dem Schreibtisch der Verbliebenen schießt in doppelte Höhe. Das erzeugt Stress und – ja, auch Herausforderung. Doch diese Herausforderung ist nicht qualitativ, sondern quantitativ, eine Überforderung durch schiere Arbeitsmenge, weil einer für zwei arbeiten soll. Ein solches Ausnutzen als die »Herausforderung« zu tarnen, nach der sich alle sehnen, ist dreist.

Zur zweiten Gruppe, Menschen die Stress *simulieren*: Für die Masse der Berufstätigen ist nicht *Überforderung* das Problem, sondern *Unterforderung*. Längst hat sich als Gegenbegriff zum »Burnout« das Wort »Boreout« etabliert, das Leiden unter Langeweile. Loggt man sich am Montagmorgen bei Facebook ein, gewinnt man nicht den Eindruck, die Nation wäre mit ihrer Arbeit überfordert.

Dass einen die Arbeit nicht über-, sondern unterfordert, ist ein Tabu. Überfordert zu sein ist schick, zeugt vermeintlich von Wichtigkeit. Unterfordert zu sein ist ein Makel, zeugt vermeintlich von Bedeutungslosigkeit.

Als Rechtsreferendar hatte ich einen Ausbilder, auf dessen Schreibtisch sich Akten stapelten. Einmal war er krank, und ich sollte seine Arbeit erledigen. Obwohl ich unerfahren war, hatte ich die Fälle binnen Stunden abgearbeitet. Alles alltägliche Dinge. »Warum haben Sie das nicht schon früher getan«, fragte ich ihn, »ohne die Aktentürme ist es doch behaglicher hier?« »Sind Sie wahnsinnig«, zischte er und zog die Tür zu. »Dann dächten alle, ich hätte nichts zu tun.«

Das zeigt das Dilemma: Wenn die Routine totgeschwiegen wird, dürfen wir keine Routine zeigen. Um dem Bild der Arbeit zu entsprechen, das wir aufrechterhalten, müssen wir Stress simulieren, wenn wir keinen haben. Doch Stress simulieren kann anstrengender sein als Stress haben.

Gestalten

Nehmen wir jemanden, der in einer Bäckerei arbeitet. Eine große, graue Bäckerei, viele Beschäftigte, noch mehr Brote. Dieser Mensch steht um drei Uhr in der Früh auf, Morgen für Morgen, fährt durch Dunkelheit und Kälte und setzt Punkt vier die erste Portion Teig auf ein Blech. Weitere folgen, eine nach der anderen, alle gleich schwer, gleich groß, gleich geformt. Stunden später kehrt der Mensch zurück nach Hause, und bevor der Morgen wieder graut, klingelt erneut der Wecker.

Drei Fragen:

1. Gestaltet dieser Mensch bei der Arbeit etwas?

2. Hat die Arbeit dieses Menschen einen Sinn?

3. Schenkt sie ihm Selbstverwirklichung?

Gestaltung, Sinn, Selbstverwirklichung: Wuchtige Worte sind das. Es gehört heute zum Konsens, dass Arbeit all das bieten muss. Das Versprechen zu »gestalten« fehlt in keiner Stellenanzeige. Fließbandtätigkeiten werden als Stellen mit »großem Gestaltungsspielraum« ausgeschrieben. Die Frage nach Sinn treibt besonders eine neue Generation von Berufseinsteigern um. Unternehmen haben reagiert und werben mit »sinnvollen Tätigkeiten«. Doch das reicht nicht. Wir sollen uns bei der Arbeit auch verwirklichen.

Bei diesen Worten denkt man nicht unbedingt an jemanden, der grammgenau Teigportionen auf Blechen platziert. Doch beantworten wir die drei Fragen der Reihe nach.

Erste Frage, das Gestalten: Selbstverständlich gestaltet dieser Mensch etwas. Er mag Anweisungen haben, von denen er kein Gramm und keinen Millimeter abweichen darf. Aber er schafft mit seiner Hände Arbeit ein Produkt, das vorher nicht da war.

Denn was heißt »gestalten«? Es bedeutet, dass ich einen Zustand willentlich verändere. Jede bewusste Tat, nach der etwas anders ist als zuvor, gestaltet die Welt.

Machen wir es konkret: Jeder, der daran mitwirkt,

etwas herzustellen, gestaltet – seien es Brote, Kopf-schmerztabletten, Bücher oder Kondome. Auch unkörperliche Leistungen gestalten: Die Bankmit-arbeiterin, die einen Kredit auszahlt, erweitert die Möglichkeiten des Kunden. Der Gärtner, der Rasen mäht, verändert einen Zustand. Die Teilzeitkraft, die einen Steuerbescheid frankiert, ordnet das Verhältnis zwischen Staat und Bürger.

Es ist schwer, eine Arbeit zu finden, die diesen Anforderungen *nicht* gerecht wird, die *nichts* gestal-tet. Praktisch jede Tätigkeit verändert einen Zustand auf der Welt – wenn auch nicht gleich die *ganze* Welt. Jede Handlung wird zudem von der Persönlichkeit des Menschen gefärbt, der sie ausführt, mag diese Handlung auch engen Vorgaben unterliegen. Es ist unmöglich, seine Persönlichkeit *nicht* mit zur Arbeit zu bringen.

Warum vermissen trotzdem viele bei ihrer Arbeit den »Gestaltungsspielraum«? Weil wir das Wort »gestalten« uminterpretiert und seinen Bezugspunkt raffiniert verschoben haben. »Gestalten« heißt für uns heute nicht mehr, ein Brot zu backen – sondern das Brot genau *so* zu backen, wie es uns vorschwebt, in Größe, Form und Inhalt. Wir meinen mit »gestal-ten« nicht mehr, dass wir etwas erschaffen oder sonst einen Zustand verändern, sei es im Großen oder Kleinen. Sondern dass wir unsere *eigenen* Vorstellungen umsetzen. Es geht nicht um die Arbeit oder ihr Ergebnis, sondern um uns selbst. Wir verstehen »Gestaltungsspielraum« als: Jeder kann alles selbst entscheiden.

Das ist keine unidyllische Phantasie – aber eine unrealistische. Jeder weiß: Ausgerechnet der Arbeitsplatz, besonders in großen Organisationen, ist von allen Orten der Welt am wenigsten derjenige der freien Entfaltung und des ungehemmten Auslebens persönlicher Vorstellungen.

Ich durfte früh lernen, dass eine so verstandene Gestaltungsfreiheit ein Hirngespinst ist. Das Beispiel ist so unspektakulär wie aufschlussreich: Ich schlug meinem Chef vor, die Dateiablage neu zu organisieren. Ich wollte nicht die Welt verändern. Ich fand, wir könnten uns leichter zurechtfinden, wenn wir die Dokumente auf dem gemeinsamen Server nach einem anderen Schema benennen. Mein Chef nahm mich zur Seite: »Es gibt Millionen Möglichkeiten, und viele kommen für unsere Zwecke in Betracht. Wenn ich zehn Kollegen frage, nennt mir jeder eine andere Idee. Die Ablage funktioniert aber nur, wenn wir alle dasselbe Verfahren nutzen. Deshalb muss einer die Regeln festlegen, ganz willkürlich. Das tue ich, einfach, weil ich der Chef bin.« Dieses Gespräch verdeutlicht eine schmucklose Wahrheit: Es ist schon praktisch unmöglich, dass bei der Arbeit *alle* ihre

Vorstellungen verwirklichen – es sei denn, alle hätten zufällig genau die gleichen Vorstellungen.

Natürlich gibt es Fälle, in denen Menschen eigene Ideen und Pläne am Arbeitsplatz umsetzen: Je höher jemand in der Hierarchie steht, desto eher kann – und muss – er entscheiden, was er für richtig hält. Auch manche »normale« Mitarbeiterin bringt eine Idee ein, die ein Unternehmen verändert. Diese Zeilen sind keine Rechtfertigung für Organisationen, die ihre Leute unnötig gängeln, die Tyrannei als Führungsqualität verstehen. Wer weise ist, erkennt die freiheitsstrebende Natur des Menschen und kommt ihr entgegen. Es hat sich herumgesprochen, dass Menschen besser arbeiten, wenn sie ihren Verstand nutzen, als wenn sie maschinengleich auf den nächsten Knopfdruck warten. Moderne Organisationen räumen ihren Leuten einen vernünftigen Spielraum für eigene Entscheidungen ein, wo das möglich ist. Es ist nicht so, dass man im Arbeitsleben niemals etwas Eigenes umsetzen könnte.

Doch darf das nicht darüber hinwegtäuschen, dass das Grundprinzip der Arbeit *nicht* darin besteht, dass alle ständig ihre eigenen Vorstellungen ausleben. Jedes Unternehmen versänke im Chaos. Andere Abteilungen, Prozesse, Kunden, Beschlüsse, Regeln: Das sind die Grenzen, an die wir stoßen, selbst in vorbildlichen Organisationen, die auf kleinkarierte Schikane verzichten. Das Arbeitsleben bringt es mit sich, dass wir uns in ein Gesamtgebilde einfügen, mit anderen abstimmen, Anweisungen ausführen.

Beim kaffeekochenden Praktikanten mag das offensichtlich sein. Aber auch ein Vorstand ist nur ausführendes Organ. Achten wir darauf, wie viele Topmanager sich von Unternehmen »trennen«, weil man »unterschiedlicher Auffassung über die strategische Entwicklung« war, gibt das Hinweise darauf, wie wenig Freiheit selbst ganz oben herrscht. Alle arbeiten im Auftrag dessen, dem das Unternehmen gehört. Er allein bestimmt im Zweifel, was getan wird, denn sein Geld allein steht auf dem Spiel, das kein Spiel ist. Sogar die Unternehmenseigner haben über sich nicht nur blauen Himmel, sondern stoßen an Grenzen, rechtliche und solche des Marktes. Wenn es gut läuft, haben sie Aufträge und Auftraggeber. Sie heißen nicht »Anregungen« und »Anreger«. Auch ein Unternehmer, der Geld verdienen will, folgt Vorgaben.

Nicht einmal in Berufen, die wir »kreativ« nennen, ist das anders. Eine Fotografin mag phantasievolle Bilder im Kopf haben. Doch abliefern muss sie die Bilder, die ihrem Vorgesetzten vorschweben oder ihrer Auftraggeberin. Ihre eigenen Einfälle kann sie nach Feierabend verwirklichen, als Hobby.

Dass es in einer Organisation um Anweisung und Ausführung geht, um Hierarchie und Gehorsam, um Über- und Unterordnung, dass nicht einfach alle machen können, wonach ihnen der Sinn steht – dieser Gedanke ist unsexy und bleibt ungesagt. Kein Mensch richtet sich gern nach Anweisungen; deshalb möchte keine Führungskraft durch Anweisungen führen. Das gilt als altmodisch. So ignorieren wir den Umstand, dass es in jeder Organisation Personen geben muss, die Entscheidungen treffen – und solche, die sie ausführen. Viele Probleme in Unternehmen beruhen darauf, dass unklar ist, wer wem etwas zu sagen hat – und sich niemand traut, es zu klären. Wir tun so, als stünden alle gleichberechtigt nebeneinander: Ein »Team«, in dem Pförtner und Vorstandsvorsitzender unterschiedslos »an einem Strang ziehen«. Führungskräfte sagen nicht »Meine Mitarbeiterin Frau Schmidt wird sich darum kümmern«, sondern »Meine *Kollegin* Frau Schmidt wird sich darum kümmern«.

Schon bei Berufseinsteigern brandet Widerstand auf, wenn ihnen jemand etwas »vorschreiben« will. Die Führungskraft wird zur Hassfigur – denn wenn sie führen will, muss sie irgendwann doch das Unmoderne, das Geächtete tun: bestimmen, wo es langgeht. Das meinen viele, wenn sie sagen: »Das Einzige, was an meinem Job stört, ist mein Chef.«

Dabei sind die Grenzen, an die wir bei der Arbeit stoßen, wichtig. Sorgen sollte sich, bei wem sie fehlen. Denn auf Grenzen treffen wir nur, wenn wir mit anderen interagieren, fremde Belange berühren. Wenn unser Tun eine Bedeutung hat, die über unseren Bauchnabel hinausgeht: Wenn es *sozial relevant* ist. Sie können sich zu Hause ins Bett legen, auf ein Stück Klopapier »2 + 3 = 7« kritzeln und Ihr Werk in die Schublade legen. Dabei können Sie sich unbegrenzt ausleben. Niemand wird Ihnen reinreden. Niemand wird Ihnen Vorgaben machen. Niemand wird Sie korrigieren. Soziale Relevanz hat das nicht.

Frei sind wir nur dort, wo es um nichts anderes geht als uns selbst. Freiheit und soziale Relevanz verdrängen sich gegenseitig.

Sinn

Kommen wir zur zweiten Frage: Hat die Arbeit des brotbackenden Menschen einen Sinn?

Auch hier die Antwort: Selbstverständlich. Essen ist ein Grundbedürfnis, Brot ein Grundnahrungsmittel. Woanders sterben Menschen, weil ihnen Brot fehlt; wer Brot backt, schenkt Leben. Sinnvoller kann man sich Arbeit nicht vorstellen.

Was zeichnet eine sinnvolle Tätigkeit aus?

Das Gestalten reicht nicht; eine zusätzliche Voraussetzung muss erfüllt sein. Was ich gestalte, muss eine gesellschaftliche Funktion erfüllen, es muss andere Menschen mit etwas versorgen, das sie brauchen können, kurz: ein fremdes Bedürfnis befriedigen. Wenn ich zu Hause, nur für mich, die Gleichung »2 + 3 = 7« aufschreibe, gestalte ich zwar ebenso etwas, wie wenn ich Brot backe. Doch nur das Brot befriedigt in der Gesellschaft ein Bedürfnis.

Machen wir auch das konkret: Wer einen Müllwagen fährt, trägt dazu bei, Häuser und Straßen bewohnbar zu halten. Wer Termine zur Zahnreinigung vergibt, trägt dazu bei, Krankheiten zu vermeiden. Wer Bücher verkauft, vermittelt Kultur, trägt dazu bei, Menschen zu bilden und zu unterhalten.

Nicht als sinnvoll betrachten wir, was der Gesellschaft nur schadet. Doch wo gibt es heute solche Tätigkeiten? Henker und Folterer sind abgeschafft. Unsere Rechtsordnung ächtet Berufe, die »schlechthin gemeinschädlich« sind – ein Taschendieb kann seine »Arbeit« nicht auf das Grundrecht der Berufsfreiheit stützen. Von den erlaubten Produkten und Dienstleistungen, die sich am Markt halten, entsprechen praktisch alle den Kriterien einer sinnvollen Tätigkeit: Sie erfüllen eine gesellschaftliche Funktion, weil sie ein menschliches Bedürfnis befriedigen. Die

Palette der menschlichen Bedürfnisse geht weit über Atmen, Essen, Trinken hinaus; ein paar Beispiele von A bis Z: Anerkennung, Bewegung, Bildung, Ehrlichkeit, Freude, Geborgenheit, Harmonie, Kreativität, Neugier, Ordnung, Ruhe, Sexualität, Spiel, Spiritualität, Unterhaltung, Verständnis, Zugehörigkeit. Eine Gesellschaft kann nicht glücklich sein, wenn eines dieser Bedürfnisse bei ihren Mitgliedern dauerhaft unbefriedigt bleibt. Sinn erschöpft sich nicht im Überleben; er entwickelt sich umso prächtiger, *nachdem* das Überleben gesichert ist. Dazu gehört so viel mehr als essen und atmen: Wer professionell Fußball spielt, befriedigt das Bedürfnis seiner Mitmenschen nach Spannung und Wettbewerb. Wer Make-up verkauft, befriedigt das Bedürfnis nach Kreativität und Individualität. Wer ein Luxusgut wie Schmuck oder teure Smartphones erschafft, befriedigt das Bedürfnis nach Anerkennung und Zugehörigkeit.

Natürlich lässt sich im Detail alles hinterfragen: Brauchen wir ein weiteres Duschgel, wenn es schon Hunderte gibt? Aus konsumkritischer Sicht könnte die Gesellschaft auf viele (zusätzliche) Dinge verzichten. Das bedeutet aber nicht, dass diese Dinge, *wenn* sie existieren, »sinnlos« sind, keine gesellschaftliche Funktion wahrnehmen. Sonst wäre alles »sinnlos«, was nach der Steinzeit entstanden ist, denn die Menschen kamen einst ohne es zurecht. Natürlich würden

wir Computerspiele nicht vermissen, wenn sie nie erfunden worden wären – so wie die Höhlenmenschen
wohl keine Häuser vermissten, da sie keine kannten.
Trotzdem befriedigt das Computerspiel den uralten
menschlichen Spieltrieb, ein Bedürfnis, das alle von
uns haben, unabhängig davon, ob es eine Compu-
terspielindustrie gibt. Die einen befriedigen es mit
einem Brettspiel, andere, indem sie mit zerknüll-
tem Papier auf den Mülleimer zielen, wieder andere
spielen »Ich sehe was, was du nicht siehst«, ganz
frei von Konsum. Auch Abwechslung und Neugier,
zwischen Optionen wählen können, sind mensch-
liche Bedürfnisse, die unglücklich machen können,
wenn sie ignoriert werden. Das (zusätzliche) Computerspiel gibt uns eine zusätzliche Möglichkeit, ein
Bedürfnis zu befriedigen – und hat für den, der sie
nutzt, eine Funktion. Wirklich sinnlos ist nur, was für
niemanden eine Bedeutung aufweist. Es verschwindet
mangels Nachfrage.

Was hat es also mit dem Gewese auf sich, das wir
um den »Sinn« unserer Arbeit veranstalten? Wie ist
zu erklären, wenn jemand wie die Person aus dem
Bäckereibeispiel sagt: »Ich sehe keinen *Sinn* darin,
Teig auf ein Blech zu legen«?

Wir sind nicht bei dem stehengeblieben, was realistisch ist und womit wir zufrieden sein könnten. Wir
haben den »Sinn« überhöht. Vielen reicht es heute

nicht einmal mehr, absolute Grundbedürfnisse wie atmen, essen, trinken zu befriedigen, also zum Beispiel in Pharmaunternehmen, Bäckerei oder städtischem Wasserbetrieb zu arbeiten. »Sinnvoll« erscheinen nur noch Tätigkeiten, mit denen wir die Welt im großen Stil verändern, und zwar möglichst unkommerziell: auf Anhieb und für immer alle Kriege stoppen. Das Medikament erfinden, das Krebs spontan heilt, für keine anderen Zwecke missbraucht werden kann und der Weltbevölkerung kostenlos zur Verfügung steht. Die erschwingliche Powersolarzelle bauen, die das Energieproblem löst. Irgendwas in Afrika, egal was. Solange nicht das Erdenschicksal von unserem Fingerzeig abhängt, erscheint uns eine Tätigkeit zu klein-klein, um »sinnvoll« zu sein.

Zu dieser Sichtweise mag die Globalisierung beigetragen haben. Aber zum einen *gibt* es keinen Beruf, in dem ein einzelner Mensch mit einer einzelnen Handlung die Welt verändern kann. Solche Macht hat niemand – zum Glück oder leider, je nachdem, an wen wir denken.

Zum anderen entwerten wir wertvolle Beschäftigungen. Wenige werden bestreiten, dass es sinnvoll ist, in Uganda eine Schule zu gründen oder in Den Haag Kriegsverbrecher vor den Internationalen Strafgerichtshof zu stellen. Doch macht mir Sorge, dass wir vergleichbare Tätigkeiten in ein Schattendasein drängen, nur weil sie näher, normaler, alltäglicher sind: Kindern nicht in Uganda, sondern in Stuttgart das Lesen beibringen. Als Staatsanwältin in Hannover für Gerechtigkeit sorgen, mit einer Teilzeitstelle. Auch verliert eine Tätigkeit nicht dadurch ihren Sinn, dass sie bezahlt wird. Sinnvolle Arbeit ist kein Monopol gemeinnütziger Organisationen.

Groß denken wir, wenn wir an Sinn denken; dabei haben wir verlernt, die Größe in unserem eigenen Tun zu erkennen.

Selbstverwirklichung

Zur dritten Frage aus dem Bäckereibeispiel: Verwirklicht sich der Mensch, der Brotteig auf Bleche legt?

Das ist eine Fangfrage. Ich habe Ihnen nicht die nötigen Informationen geliefert, um sie zu beantworten.

Sich verwirklichen, das ist *noch* mehr als gestalten, *noch* mehr als Sinnvolles tun – sogar wenn wir »gestalten« und »Sinn« überhöht verstehen. Selbst *wenn* ich ein Brot nach meiner Vorstellung backe, selbst *wenn* ich eine Schule in Uganda auf die Beine stelle: Verwirklichen werde ich mich damit nur, wenn ich grade *das* als Bestimmung meines Daseins betrachte. Selbstverwirklichung bei der Arbeit setzt voraus, dass meine Tätigkeit ganz und gar mit meinen Sehnsüchten und Lebenszielen übereinstimmt. Selbstverwirklichung bedeutet, dass ich in meiner Arbeit nicht nur einen Sinn für die Gesellschaft finde, sondern: den Sinn *meines eigenen Lebens*.

Das ist ein hohes Ziel. Es zu erreichen erfordert dreierlei: erstens meine Lebensziele entschlüsseln. Zweitens ein Berufsbild finden, das ihnen entspricht, und zwar ohne Abstrich, sonst hat es mit »Verwirklichen« nichts zu tun. Drittens müssen es meine Lebensumstände erlauben, diesen Beruf zu ergreifen und auszuüben. Der Prozess ist dynamisch, denn Lebensziele und Lebensumstände ändern sich; alle drei Voraussetzungen fordern ständig neu ihre Erfüllung. Für viele verbindet sich damit ein pausenlos zehrendes Grübeln und Nachspüren: Ist das *wirklich* (noch), was ich will?

Manche erreichen das Ziel, wenigstens für eine Weile. Sie finden den Sinn ihres Lebens in ihrer Arbeit. Doch wie bei der Leidenschaft ist das nicht der Normalfall. Für die meisten verschmilzt ihr »Selbst« *nicht* mit ihrem Beruf. Zu welcher der beiden Gruppen der backende Mensch aus unserem Beispiel gehört, wissen wir nicht, denn seine Lebensziele und Sehnsüchte kennen wir nicht.

Es ist auch egal, denn beides sind gleichwertige Lebensentwürfe, mit denen man zufrieden werden kann. Die eine findet ihren Lebenssinn in der Arbeit, der andere in der Familie, in Hobbys oder gerade in der Vielfalt der Facetten, die sein Leben bietet, in der Mischung und Abwechslung. Es ist gut, den Blick weit einzustellen, auf alle Lebensbereiche. Denn wenn mein »Selbst« mit meiner Arbeit identisch ist, wer bin ich nach Feierabend? Im Ruhestand? Was bleibt, wenn ich meine Arbeit verliere?

Und doch tun wir, als wäre es nicht nur normal, sondern unerlässlich, dass *jeder* sich mit seiner Arbeit verwirklicht, in seiner Arbeit den Sinn seines Lebens findet.

Schließlich, hören wir, sei die Arbeit für den Menschen gemacht, nicht der Mensch für die Arbeit. Manche schließen das schon daraus, dass wir viel Zeit mit ihr verbringen. Die Arbeit besetzt einen Großteil unseres Lebens, das stimmt. Das gilt auch für das Schlafen. Deshalb ist es sinnvoll, sich bequem zu betten – die wenigsten suchen aber den Sinn des Lebens im Schlafen, nur weil sie viel Zeit damit verbringen. Ebenso rechtfertigt die Zeit, die wir mit der Arbeit verbringen, die Forderung, dass wir uns am Arbeitsplatz weder wie Maschinen noch wie Gefangene fühlen sollten. Dass wir ihn menschlich halten. Arbeitgeber und Arbeitnehmer sind gemeinsam dafür verantwortlich, die gemeinsame Zeit nicht *unnö*tig unangenehm zu gestalten. Aber allein aus der Zahl der mit ihr verbrachten Stunden zu schließen, die Arbeit sei für den *gemacht*, der sie tut, enthalte dessen Lebensbestimmung – das ist logisch nicht überzeugend.

Trotzdem *ist* die Arbeit für den Menschen da, nicht umgekehrt. Das Brotbacken erfanden wir, um zu essen zu haben. Tauschhandel, Geld ermöglichen, dass der Bäcker damit zugleich seinen Lebensunterhalt verdient. Er kann durch sein Brot die Miete bezahlen, Kleidung, die Kinderkrippe für seine Tochter. So ist Arbeit beides: eine Tätigkeit, die andere brauchen können, und Existenzgrundlage für den, der sie erledigt. Eines allerdings war *nicht* die leitende Idee, die zur Erfindung der Bäckerei führte: dem Bäcker einen erfreulichen Zeitvertreib, Selbstverwirklichung, den Sinn seines Lebens zu verschaffen. Und doch gaukeln wir uns vor, wir hätten den Zirkus der Arbeitswelt nur inszeniert, damit der Mensch sich austoben kann, sich verwirklichen. Als betrieben wir Geschäfte nicht, um die Sehnsüchte der Kundinnen zu befriedigen, sondern die der Verkäufer.

Die Unternehmen stützen diesen Gedanken, denn er schafft ein Machtgefälle: Wenn sie ihren Beschäftigten nicht weniger als Selbstverwirklichung schenken, den Sinn des Lebens, stehen die Beschäftigten in ihrer Schuld. Arbeit-Geber und Arbeit-Nehmer, wer erweist wem den Dienst? Die Antwort kippt, wenn wir der Lebenssinn-These folgen. Der Arbeit-Geber wird zum Sinn-Geber, und er verrechnet den Sinn, den er gibt. Einige Unternehmen bezahlen die Hingabe ihrer Mitarbeiter miserabel oder gar nicht, mit freundlichem Verweis auf die Sinngabe.

Doch ein Arbeitgeber, der seinen Leuten den Sinn ihres Lebens verspricht, überschätzt in rührender Weise sich und seine Möglichkeiten. Sein »Selbst« kann jeder nur selbst finden. Dass die Arbeit einem Leben den Sinn einhaucht – das zu *versprechen* ist nicht weniger unfair als es zu *erwarten*.

Wichtigkeit

Als Angestellter brach ich einmal in einen Urlaub auf. Mein Chef fragte, wie man mich erreichen könne. »Gar nicht«, sagte ich. Das stimmte, denn ich war auf dem Weg zu einem der raren Landstriche, die der modernen Kommunikation noch trotzen.

Der Chef schaute griesgrämig. »Na ja«, knurrte er, »die Welt wird nicht untergehen.«

»Da wäre ich nicht sicher«, entgegnete ich. »Die Welt kann jederzeit untergehen. Aber wenn ich der Einzige bin, der sie retten kann, sollten wir noch einmal über mein Gehalt sprechen.«

Dieser Kurzdialog entlarvt eine weitere Lebens-lüge des Arbeitslebens. Jedem ruft es zu: »Auf dich kommt es an, du machst den Unterschied! Ohne dich liefe nichts.« Das bedient ein tiefes menschliches Bedürfnis: bedeutend zu sein. Es ist uns allen einge-pflanzt – besonders denjenigen, die betonen, dass sie »gern im Hintergrund stehen«.

Weil uns die Parolen der Arbeitswelt schmeicheln, hinterfragen wir sie nicht. Wer möchte den Beweis antreten, dass er unwichtig ist? So sind viele davon überzeugt, dass ihre Organisation für das Weltge-schehen eine existentielle Bedeutung hat – und sie wiederum innerhalb der Organisation. Aus dem Bett wie aus dem Urlaub schicken sie sich E-Mails im Glauben, der Planet würde ohne sie verpuffen. Doch es gibt nur wenige Probleme, die am Sonntagmorgen auftauchen *und* Aktivität fordern. Die meisten waren am Freitag schon da und / oder können am Montag gelöst werden. Scheinheilig beklagen wir den »Fluch der ständigen Erreichbarkeit«, obwohl wir das Smart-phone ausschalten können. In Wahrheit *wollen* wir er-reichbar sein, wollen, dass es am Sonntagmorgen auf uns ankommt. Nur wer das Spiel mitspielt, bleibt im Verteiler der Wichtigen. Beide, Arbeitgeber wie Ar-beitnehmer, halten den Ball dieses Spiels in der Luft.

Dabei ist die Botschaft »Auf dich kommt es an« nicht falsch. Richtig ist dieser Teil: Auf deine *Arbeit* kommt es an. In vielen Betrieben gerät der Ablauf durcheinander, wenn ein Schreibtischstuhl leer bleibt oder eine Thekenkraft ausfällt. Bei guter Organisation ist jede Tätigkeit ein Rad im Getriebe, ohne das, so klein es sein mag, das Getriebe stottert.

Bloß: *Wer* diese Arbeit erledigt, ist egal. Jede *Tätigkeit* ist wichtig. Doch jeder *Mensch* ist ersetzbar. Auf niemanden kommt es an. Das ist die Wahrheit des Arbeitslebens. Sie trampelt auf unserem Bedürfnis nach Bedeutung herum, doch wird sie deswegen nicht weniger wahr.

Ist es schlimm, wenn wir uns für bedeutender halten, als wir sind? Tun wir das nicht ständig? Ist es nicht unabdingbar für unser Selbstwertgefühl? Bis zu einem gewissen Grad. Doch das »Auf dich kommt es an«-Gesäusel im Arbeitsleben birgt zwei Gefahren: erstens den Schlag ins Gesicht, wenn die alltäglichen Erfahrungen der vorgeblichen Wichtigkeit nicht entsprechen. Zweitens den Hang zur Selbstaufopferung, die beiden Seiten Unheil bringt.

Erstens, die Enttäuschung: Dass jeder Mensch ersetzbar ist, lernen die einen früh und schmerzlich, die anderen spät und schmerzlich. Manche sind ernüchtert, wenn sie im Urlaub zwei Tage keine E-Mails lesen und der Laden läuft. Wenn sie mit einem Abwerbeangebot der Konkurrenz zur Chefin laufen und statt Bleibeverhandlungen hören: »Es ist schade, wenn Sie uns verlassen – aber ich kann Sie verstehen. Nehmen Sie das Angebot ruhig an.« Anderen öffnet erst der Ruhestand die Augen, wenn ihre Arbeit von heute auf morgen ein anderer macht und die Welt sich weiterdreht, als wäre nichts gewesen. Oder, schrecklicher: Wenn die Stelle mit »k. w.« gekennzeichnet ist, kann wegfallen, ersatzlos gestrichen. Und sich der Gang der Dinge auch davon unbeeindruckt zeigt.

Im besonderen Widerspruch zum »Auf dich kommt es an«-Bekenntnis steht die Glorifizierung der Teamarbeit. Das fängt damit an, dass heute jede Organisation ein einziges »Team« ist, das »phantastische Team«, dem auf der Weihnachtsfeier pauschal gedankt wird. Dieses Team im weiteren Sinn ist Synonym für das, was man Kolleginnen und Kollegen nannte. Der Sammelbegriff zeigt die Tendenz: Der Einzelne spielt keine Rolle. Es ist gerade *nicht* gewollt, dass jemand hervorsticht, dass eine einzelne Leistung erkennbar wird, dass ein Einzelner gelobt oder kritisiert wird. Es soll kein Thema sein, dass das Vorstandsmitglied mehr zum Erfolg der Organisation beigetragen hat als der Pförtner – oder umgekehrt.

Ihren Höhepunkt erreicht die Tendenz bei der Teamarbeit im engeren Sinn, wenn eine Gruppe einen gemeinsamen Auftrag erhält: Macht einen Entwurf. Brainstormt. Bereitet eine Veranstaltung vor. Oder nur: Räumt die Kaffeeküche auf. Die Teamarbeit im engeren Sinn widerspricht dem machtvollen menschlichen Bedürfnis nach Aufmerksamkeit und Anerkennung. Die meisten leiden nicht unter zu wenig Teamarbeit, sondern unter zu viel. Sie leiden darunter, dass ihnen gesagt wird »Auf dich kommt es an« – sie aber im Arbeitsalltag nicht als Individuum wahrgenommen werden, dass der Vorgesetzte nicht mitbekommt, was sie konkret machen, dass ihre Leistung nicht gewürdigt wird.

Diese Erkenntnisse sind nicht neu, genauer gesagt hat sie schon 1882 der französische Agraringenieur Maximilien Ringelmann mit einem Experiment zutage gefördert. Er ließ Männer an einem Seil ziehen, einmal alleine, einmal zu siebt, und maß die Kraft. Die sieben Männer zogen aber nicht siebenmal so kräftig wie ein einzelner von ihnen. Mehr als ein Viertel der Leistung blieb auf der Strecke, wenn sie ihre Arbeit in das Team einspeisten. Lag das an Koordinationsproblemen oder waren sie unmotiviert? Fast 100 Jahre später hatten Psychologen eine Idee, um die Frage zu klären. Sie verbanden den Probanden die Augen und *erzählten* ihnen nur, sie zögen mit anderen. Die vorgetäuschte Teamarbeit genügte, um die Leistung schwinden zu lassen. Weil Koordinationsprobleme hier keine Rolle spielten, konnte das nur bedeuten: Teamarbeit dämpft Motivation.

Die Experimente wurden in neuerer Zeit bestätigt, bei körperlichen wie bei unkörperlichen Tätigkeiten. Das Phänomen hat in der Psychologie einen Namen bekommen: »soziales Faulenzen«. Teamarbeit macht nicht nur unglücklich, sondern auch faul. Das gilt für Teamarbeit nach Art des Seilziehens, in der sich individuelle Beiträge auflösen wie Würfelzucker im Kaffee. Für das, was wir hier Teamarbeit im engeren Sinn nennen. Wer könnte es befriedigend finden, dass seine Arbeit in einer schwarzen Box verschwindet, aus der etwas kommt, auf das er keinen Einfluss hat? In diesem Sinn ist Teamarbeit nicht nur die moderne Fließbandarbeit. Sie ist schlimmer. Am Fließband hat jeder eine klare Aufgabe; wenn er ausfällt, stockt die Produktion. Er kann an seiner Leistung gemessen, für sie gepriesen oder gerügt werden. Bei der Teamarbeit im engeren Sinn machen alle alles – oder nichts.

Weder für Arbeitnehmer noch für Arbeitgeber ist Teamarbeit etwas, das zu idealisieren wäre. Doch kommt die moderne Arbeitswelt ohne sie nicht aus. Mit »Auf dich kommt es an« allerdings hat das nichts zu tun, und groß ist die tägliche Enttäuschung darüber.

Zweitens, die Selbstaufopferung: Je wichtiger sich jemand wähnt, desto mehr Arbeitszeit verschenkt er.

Wer unersetzlich ist, darf seine Organisation nicht »im Stich« lassen. Dafür geben viele ihr Leben. Manche opfern nur zwei Jahre, doch sind es die beiden Jahre, in denen man seine Ehe hätte retten können, wenn man nicht so viele Überstunden gemacht hätte. In denen man sein Kind hätte ins Bett bringen können, bevor es lernte, sich selbst schlafen zu legen. Viele treten mit Opfern in Vorleistung – und gehen davon aus, dass der Arbeitgeber in ihrer Schuld steht. Dass er sich eines Tages mit einer angemessenen Belohnung bei ihnen erkenntlich zeigt, mit mehr Geld, mehr Karriere. Oder auch nur mit einer Vertragsverlängerung oder einer Festanstellung. Stattdessen kann mancher Arbeitgeber noch nicht einmal alle weiterbeschäftigen. Statt der Belohnung kommt die Kündigung.

Es kann einen Menschen brechen, wenn der Dank ausbleibt, den er sich erhofft hat. Der Medizinsoziologe Johannes Siegrist nennt das »Gratifikationskrise«. Eine solche Enttäuschung macht zynisch, verbittert, krank. Herzinfarkte, Depressionen, Krebsarten sehen Wissenschaftler im Zusammenhang mit enttäuschten Erwartungen im Arbeitsleben. Wer den Satz »Undank ist der Welten Lohn« verinnerlicht, wird menschenfeindlich. Wer krank wird, kann nicht mehr arbeiten; wer zynisch wird, *will* nicht mehr arbeiten. Er kündigt innerlich, stellt seine Arbeit ein und holt sich zurück, was er unentlohnt vorgeleistet hat. Wirtschaftlich wird er für seinen Arbeitgeber zum Fiasko; die Selbstaufopferung schadet nicht nur dem, der sich aufopfert. Deswegen kann man diese Strategie nicht einmal als »Ausbeutung« durch den Arbeitgeber bezeichnen. Es ist eine Lose-Lose-Situation, hervorgerufen durch »Auf dich kommt es an«.

Es ist nicht unsere Ersetzbarkeit, die uns ins Unglück stürzt, sondern der Glaube an unsere Unersetzbarkeit.

Menschen

Ein erster Berufswunsch junger Leute lautet: mit Menschen zu tun haben. Sie wissen nicht, ob sie Lektorin, Physiotherapeut oder Elektriker werden, doch sie wissen früh und fraglos, dass sie auf jeden Fall mit Menschen zu tun haben wollen.

Die Menschen um uns herum können unser Leben bereichern oder zerstören, uns fordern oder langweilen, amüsieren oder betrüben. Zahllose Studien gibt es über Glück; bei vielen Unterschieden sind sie sich in einem Punkt einig: Einsamkeit macht traurig, der Umgang mit anderen fördert Wohlbefinden. Menschen ohne Arbeit deprimiert es, dass sie aus Gemeinschaften ausgeschlossen sind. Ihnen fehlt nicht nur die Ansprache während der Geschäftszeiten. Sie verlieren auch privat den Anschluss, als Außenseiter in einer Welt, in der sich selbst nach Feierabend vieles um die Arbeit dreht und in der man Geld braucht, um dabei zu sein.

So ist es zum Versprechen jedes Arbeitgebers geworden: Hier hast du mit Menschen zu tun! Hier herrscht ein gutes »Betriebsklima«.

Früher wurden diese Menschen oft als »junges und dynamisches Team« bezeichnet. Wer will sich mit greisen Phlegmatikern herumschlagen? Irgendwann fiel auf, dass es in der Arbeitswelt nicht nur Junge gibt. Und dass es diskriminierend ist, so zu tun, als könnten nur sie arbeiten und ein vorteilhaftes »Klima« schaffen. Das »junge Team« landete vor Gericht, entsprechende Stellenanzeigen sind riskant geworden.

Geblieben sind Attribute wie »dynamisch«, »freundlich«, »aufgeschlossen«, »modern«, »interessant«, »engagiert«, »smart«. In sich bergen sie das gleiche Problem wie »jung«: Es gibt auch schläfrige, unverschämte, boshafte, verhärmte, altmodische, dumme, faule und schnarchlangweilige Menschen. Asoziale Scheusale. Wovon leben die, wenn sie nirgendwo arbeiten? Wir drücken uns davor, die Arbeitswelt und ihre Menschen realistisch zu beschreiben. Diese Erkenntnis ist so selbstverständlich, dass es verwundert, wie wir uns gegenseitig vormachen, ausgerechnet bei der Arbeit träfen wir auf ein handverlesenes Ensemble der liebenswürdigsten Charakterköpfe.

Mancher Arbeitgeber beharrt darauf. Er ist überzeugt, dass er nur die Tollsten anlockt, auswählt und einstellt. Vielleicht gibt es solche Organisationen; je größer ein Betrieb, desto unwahrscheinlicher ist es. Außerdem haben wir bei der Arbeit nicht nur mit Kolleginnen und Kollegen zu tun. In vielen Berufen spielt der Kontakt mit der »Außenwelt« eine wesentliche Rolle; ihn meinen viele, die sich danach sehnen, »mit Menschen zu tun zu haben«. Da schwirren Geschäftspartnerinnen, Kunden, externe Beraterinnen und Leute umher, die in keiner Telefonkonferenz fehlen. Auch sie sind nicht nur »aufgeschlossen«, »dynamisch«, »freundlich«, auch sie bilden das gesamte Spektrum der Bevölkerung ab.

Niemand bestreitet, dass es bei der Arbeit nette Menschen gibt; manche Freundschaft und Ehe nahm dort ihren Lauf. Doch die meisten, mit denen uns die Arbeit zusammenführt, hätten wir uns nicht ausgesucht. Sie sind marternde Zwangskontakte, in deren Gegenwart wir uns nicht wohlfühlen, sondern unverstanden, gestresst, genervt. Beide Möglichkeiten sind Teile derselben Realität. *Das* ist Leben – sein Gewand ist gewebt aus dem Stoff der Mensch-zu-Mensch-

Kontakte: sich in anderen spiegeln, an ihnen reiben, ihre einzigartige Gebrauchsanweisung entschlüsseln, sie weder heiraten noch zu ernst nehmen müssen, aber an ihnen wachsen können. Und so die eigene Gebrauchsanweisung aktualisieren, immer wieder. *Hier* liegen die wahren Herausforderungen, die viele vergeblich woanders suchen. Mit Menschen zurechtzukommen, edlen wie elenden, ist unsere Lebensaufgabe; und das Leben macht vor der Arbeit nicht halt.

Dienst nach Vorschrift

Kennen Sie die fabelhaften Krankenhausreiniger? Motivationsgurus erzählen von ihnen, wenn sie uns Vorbilder präsentieren wollen, die »nicht einfach nur ihren Job machen«, sondern einer Berufung nachgehen.

Ein Forscherteam in den USA hat Menschen interviewt, die in einem Krankenhaus putzen. Das Ergebnis: Manche machen einfach ihren Job. Sie putzen. Andere haben ihre Aufgabenbeschreibung eigenmächtig geändert: Sie kümmern sich um Patienten, tanzen für sie, bringen sie zum Lachen, nehmen ihnen Angst vor Untersuchungen, hängen ihnen Bilder an die Wände. Sie plaudern mit Besuchern und führen sie durchs Haus.

Die Menschen in der zweiten Gruppe gehen ihrer Tätigkeit – wie könnte es anders sein – mit Leidenschaft und Engagement nach. So leicht ist es, sagen die Motivationsgurus, eine monotone Beschäftigung in einen erfüllenden Lebensinhalt zu verwandeln, mit seiner Arbeit den berühmten Unterschied zu machen. Amy Wrzesniewski, eine der beteiligten Forscherinnen, nennt das »job crafting«: Ich erledige nicht einfach die Aufgabe, die mir zugedacht ist, sondern bastle mir meine eigene. Die Botschaft: Wenn das eine Reinigungskraft mit ihrem starren Tätigkeitsprofil kann, kann es jeder. Alle sollten es tun, und Arbeitgeber sollten allen dazu Gelegenheit geben.

Nun ist nichts dagegen einzuwenden, wenn sich eine Reinigungskraft um Kranke kümmert. Das ist zauberhaft – solange die Reinigungskraft ihre eigentliche Arbeit, das Reinigen, nicht vernachlässigt. Interessanterweise ist dieser Frage niemand nachgegangen. Wir wissen nicht, wie gut die »tollen« Krankenhausreiniger im Vergleich zu den »normalen« ihre *eigentliche* Arbeit, das Reinigen, erledigen. Trotzdem sind sie die Stars.

Das ist das Problem daran, wie diese Geschichte erzählt wird: Die ihren Job machen, sind die Deppen. Sie machen Routine, die anderen den Unterschied.

Dabei ist es in Wahrheit umgekehrt. Das Krankenhaus käme ohne die paar Reinigungskräfte zurecht, die nebenbei tanzen; womöglich wäre die Stimmung weniger ausgelassen. Ohne die vielen aber, die »nur« ihre Arbeit machen und putzen, könnte es keine drei

Tage bestehen. Hygiene ist für ein Krankenhaus und seine Patienten überlebenswichtig. Wer sie am Leben und den Laden am Laufen hält, sind nicht die *tanzenden* Reinigungskräfte, sondern die *reinigenden* Reinigungskräfte. Es ist die Masse der normalen Leute, die ihre normale Arbeit normal erledigt.

Diese Menschen machen jeden Tag den Unterschied zwischen allem und nichts. Doch sie verschwinden in einer statistischen Gruppe, die als besorgniserregend gilt. Amy Wrzesniewski sortiert Mitarbeiter in drei Kategorien: In der ersten sind diejenigen, die ihrer Arbeit als »Berufung« nachgehen – das sind die tanzenden Krankenhausreiniger. Wer seine Arbeit als »Karriere« betrachtet, steckt in der zweiten Schublade. Er will vorankommen. Das ist verdächtig, aber noch tolerierbar. Der große Rest landet in der bejammernswerten Kategorie drei: Für sie ist ihre Arbeit ein »Job«. Sie kommen, erledigen ihre Aufgaben und gehen nach Hause.

Auch die Gallup Organization vergibt in ihrem »Engagement Index« drei Güteklassen: Die Menschen in der ersten haben eine enge emotionale Bindung zu ihrem Arbeitgeber, sind »mit Herz, Hand und Verstand« dabei. Die zweite Gruppe arbeitet aktiv gegen die Firma, will sie schädigen; diese Leute scheinen ohnehin verloren. Das Problem der Arbeitswelt versammelt sich auch nach Gallup in der dritten

Abteilung. In ihr befindet sich die überwältigende Mehrheit, etwa 70 Prozent der arbeitenden Bevölkerung. Sie machen – Achtung, hier kommt der böse Ausdruck: »Dienst nach Vorschrift«. Vor diesem Stempel darf nie ein »lediglich« fehlen, als abschmückendes Beiwort.

Dazu passt, dass die Arbeitswelt »Querdenker« sucht und feiert. Natürlich braucht jede Organisation *auch* Querdenker: Manchmal stößt man an Mauern, die sich nur überwinden lassen, wenn man vom Weg abweicht. Doch die überwältigende Zahl der Aufgaben im Arbeitsalltag erledigt am besten, wer die Kunst des Geradeausdenkens beherrscht. Ein Autohersteller braucht Leute, die das Auto »neu denken«, wie es heute heißen muss. Aber das Neudenken der wenigen ist nichts wert ohne die vielen, die das Auto zusammenbauen, ganz herkömmlich, streng nach Plan. Nicht die paar Querdenker schultern unsere Gesellschaft, sondern die Masse der Menschen, die jeden Tag geradeaus denken und geradeaus handeln. Sie sind es, die der Wirtschaft den Lebensatem einhauchen. Visionen in die Welt posaunen, Theaternebel versprühen, Powerpoint-Wirbel veranstalten, Breakthrough-Targets ausrufen und Leuchtturmprojekte in Kick-off-Meetings starten – das klingt prima. Aber jede Organisation funktioniert nur, wenn und weil so viele all das *nicht* tun, sondern normal arbeiten.

Ich finde es unerträglich, wie unsere Gesellschaft mit den Menschen umgeht, die jeden Tag »einfach ihre Arbeit machen«. Wenn überhaupt, werden sie als Negativbeispiel erwähnt. Es ist an der Zeit, den geächteten Dienst nach Vorschrift zu rehabilitieren. Was ist verwerflich daran, wenn jemand tut, was er soll? Selbstverständlich ist das nicht: Genügend Leute sitzen ihre Stunden neben ihrer Arbeit ab und drücken sich um sie herum. Wer aber jeden Tag seinen Dienst versieht wie ihm aufgetragen, hat es nicht verdient, im besten Fall ignoriert, im schlimmsten verachtet zu werden. Jede Organisation wäre verloren ohne die Menschen, die sie geringschätzt.

Oft heißt es, wer Dienst nach Vorschrift macht, sei weniger engagiert als jemand, der ... ja, was ist eigentlich das Gegenteil von »Dienst nach Vorschrift«? Dienst gegen Vorschrift? Ich weiß es nicht. Auf jeden Fall weniger engagiert als die anderen. Das mag sein. Doch woran wollen wir die Qualität von Arbeit messen? Daran, wie *engagiert* sie erledigt wird, oder daran, wie *gut* sie erledigt wird? Es gibt Mitmenschen, die mit größtem Engagement sehr wenig zustande bringen. Jeder kennt welche. Andere meistern ihre Aufgaben ausgezeichnet, ohne sich abzurackern. Das nennt man Können und Effizienz.

Doch der Gedanke, ein gutes Ergebnis könnte mit normalem Aufwand zustande kommen, belebt bis heute Berührungsängste. Die Arbeitswelt verspottet Menschen mit »nine to five job« und vergöttert diejenigen, die sich lange nach fünf »engagieren«. Eine E-Mail abends um zehn zählt mehr als dieselbe E-Mail morgens um zehn. Dabei übersehen wir: Wenn jemand nach Feierabend eine Aufgabe erledigt, bedeutet das zunächst, dass er die Aufgabe tagsüber *nicht* erledigt hat. Das ist noch keine Auszeichnung. Vielleicht hat der Betroffene keine andere Möglichkeit, weil man ihm mehr aufhalst, als ein Mensch an einem Tag abarbeiten kann. Das ist kein Zustand, den wir feiern sollten. Vielleicht aber hat derjenige seine Arbeit dürftig organisiert oder die Stunden zwischen neun und fünf, wenn andere Dienst nach Vorschrift machten, vertrödelt. Der bloße Umstand, dass sich jemand spätabends betätigt, sagt nichts darüber, ob er seine Aufgabe gut oder schlecht ausführt.

Aber, und das ist ja die Botschaft, mit der die Krankenhausstudie wedelt: Sind Menschen, die »einfach ihre Arbeit machen«, nicht trostlose Geschöpfe?

Hier ist es wie bei der Leidenschaft und der Selbstverwirklichung: Es gibt solche und solche. Viele sind glücklich und haben gute Gründe. Sie erledigen ihre Arbeit sorgfältig und zuverlässig in der vorgesehenen Zeit. Sie sind effizient. Sie arbeiten, statt Arbeit zu inszenieren. In diesem Bewusstsein brechen sie pünktlich in den Feierabend auf. Dieses Gefühl, das manche nicht kennen, kann ungeahnte Befriedigung bescheren. Wer auf Theaternebel verzichtet, setzt Zeit und Energie frei, die seinem Leben einen magischen Charme schenken. Vor allem *hat* ein solcher Mensch ein Leben.

Zugegebenermaßen gibt es auch Menschen, die unter einem Dienst-nach-Vorschrift-Job leiden. Doch ist das erstaunlich, wenn wir uns anschauen, wie die Gesellschaft sie behandelt? Wie sie ihnen einredet, es sei ein Problem, wenn sie als Putzkraft nur gut putzen und nicht tanzen? Wenn sie der statistische Schandfleck sind, wenn, was sie tun, nicht geschätzt wird, obwohl es von unschätzbarem Wert ist?

Zeit gegen Geld

Was bleibt, wenn wir die Arbeit vom wolkenku-
ckucksheimer Wunschdenken befreien? Ein Tausch
von Zeit gegen Geld. Das klingt harmlos-minimalis-
tisch, doch steckt Zündstoff in der Formel.

Deshalb weisen viele sie von sich: »Man arbeitet
doch nicht wegen des Geldes« oder, apokalyptischer:
»Wer nur für Geld arbeitet, ist zu bemitleiden«. Das
sind Ablenkungsmanöver. Denn Geld *ist* der nahelie-
gende Grund zu arbeiten. Ob Arbeit darüber hinaus
für den Einzelnen eine Bedeutung hat und wenn ja,
welche, kann jeder für sich entscheiden. Aber Geld
ist ein Grund, auf den sich alle einigen können. Wer
zu viel über Sinn, Selbstverwirklichung und Spaß re-
det, will sich vielleicht davor drücken, über gerechte
Bezahlung zu sprechen. Solange aber diese grund-
legende Frage nicht geklärt ist, sollten sich alle wei-
gern, andere Themen in den Mittelpunkt zu stellen.

Der Hotelunternehmer Bodo Janssen schildert in einem Interview, wie ihn eine Mitarbeiterin fragte: Wie kann es sein, dass unsere Firma Schulen in Afrika baut, ich aber nicht genug verdiene, um einmal im Jahr mit meiner Tochter in Urlaub zu fahren? Das habe ihm die Reihenfolge vor Augen geführt: Alles Drumherum nützt nichts, wenn die Grundbedürfnisse der Mitarbeiter nicht gedeckt sind. Für Bodo Janssen war das ein Anlass, »die Gehälter der Basis stärker zu entwickeln«. Er klettert auch mit Auszubildenden auf den Kilimandscharo. Dagegen spricht nichts, wenn die Prioritäten stimmen: Kilimandscharokletterei wird niemand bejubeln, der den Rest des Jahres unterbezahlt ist.

Das Deutsche Institut für Wirtschaftsforschung befragt jedes Jahr etwa 30 000 Deutsche zu ihren Lebensumständen, auch zur Zufriedenheit mit ihrer Arbeit. Das ist das renommierte »sozioökonomische Panel«. Die *Frankfurter Allgemeine Zeitung* veröffentlichte kürzlich ein Ergebnis: Besonders zufrieden mit ihrer Arbeit sind Professoren, Vorstandsmitglieder und Rechtsanwältinnen. Besonders unzufrieden sind Lagerarbeiter, Malerinnen, Lkw-Fahrer. Nun ging das Rätseln los: Was macht Menschen zufrieden mit ihrer Arbeit? Freiraum, Sinn, Herausforderung? Es liegt nahe, bei Rechtsanwalt und Vorstandsmitglied mehr Freiraum zu vermuten als beim Lagerarbeiter. Sicher ist das nicht: Fragen Sie eine Rechtsanwältin, wie frei sie sich fühlt, wenn dem Mandanten am Freitagabend (wenn der Lagerarbeiter freihat) einfällt, dass bis Montag ein wichtiger Vertrag entworfen sein soll. Oder das Vorstandsmitglied, wenn es am Sonntag (wenn der Lagerarbeiter freihat) mitgeteilt bekommt, dass die Quartalsvorgaben nicht erreicht sind. Sicher indes ist: Vorne auf der Liste stehen ordentlich, oft sogar fürstlich bezahlte Tätigkeiten. Hinten scharen sich diejenigen, die für wenig Geld schuften. Es ist scheinheilig, andere Erklärungen zu suchen. (Die Umfrage enthält übrigens noch eine Auffälligkeit, auf sie kommen wir im nächsten Kapitel zu sprechen.)

Betrachten wir Arbeit als Tausch von Zeit gegen Geld, hängt alles davon ab, dass dieser Tausch gerecht ist. Dafür sind beide Seiten verantwortlich, Arbeitgeber wie Arbeitnehmer. Der Tausch ist ein gegenseitiges Geschäft.

Die Arbeitgeber: Seinen Mitarbeitern die Wahrheit sagen kann nur, wer sie angemessen bezahlt. »Wir schütten euch mit langweiliger Routine zu und dafür werdet ihr unterbezahlt« – dieser Satz ist nicht überzeugend. Umgekehrt hat, wer Arbeit gerecht entlohnt, seine Schuldigkeit getan. Er darf der Erwartung entgegentreten, er müsste dem Leben seiner Mitarbeiter Sinn, Erfüllung und Spaß besorgen. Je gerechter ein Unternehmen seine Leute bezahlt, desto weniger steht es unter dem Zwang, Arbeit schönzufärben.

Angemessene Bezahlung bedeutet:

Wer Vollzeit arbeitet, muss davon leben können. Es kann nicht sein, dass er nachts zwei, drei Nebenjobs nachgehen muss, für Wohnung und Essen für sich und die Seinen.

Wer gleich qualifiziert ist und gleiche Arbeit leistet, muss in derselben Gehaltsklasse spielen. *Ob* jemand gleich qualifiziert ist und gleiche Arbeit leistet, muss an objektiven Kriterien gemessen werden.

Wer *ein* Gehalt bekommt, schuldet die Arbeit *einer* Kraft. Es geht nicht an, dass zwei Kollegen entlassen werden und der Verbliebene für drei arbeitet.

Arbeit muss im Hier und Jetzt vergütet werden, nicht mit einem vagen Versprechen für die Zukunft. Zu viele bekommen zu hören: »Wir belohnen dich für alles, eines Tages. Eines Tages wird es die Beförderung geben oder den Gehaltssprung oder beides.« Wer befördert *wird*, sieht sich nicht selten mit dieser Ansage konfrontiert: »Jetzt hast du erst mal Titel und Verantwortung. Hier sind die neuen Visitenkarten; schick, nicht wahr? Über mehr Gehalt reden wir später, im nächsten oder übernächsten Jahr.« Nur wenige schaffen den angekündigten Hochsprung auf der

Karriereleiter und in der Gehaltsklasse. Alle anderen müssen erkennen, dass sie sich auf einen Sankt Nimmerleinstag haben vertrösten lassen.

Die Arbeitnehmer: Ehrlichkeit fordern darf nur, wer sie akzeptieren kann. Wer fair ist, macht seinen Arbeitgeber für sein *Gehalt* verantwortlich – und nicht für sein *Leben*. Umgekehrt braucht er ihm nicht sein Leben zur Verfügung zu stellen, sondern nur seine Arbeit im vereinbarten Umfang.

Das aber tut er gewissenhaft. Er arbeitet bei der Arbeit und sitzt die Stunden nicht ab. Auch das gehört zur Ehrlichkeit. Zu viele nutzen bezahlte Arbeitszeit, um privaten Kram zu erledigen: auf Facebook surfen, Schuhe bestellen, das eBay-Profil aufmotzen. Für solche Leute habe ich kein Verständnis. Diese Schrift ist kein Plädoyer dafür, mit Arbeitsverweigerern und Saboteuren milde ins Gericht zu gehen. Wer als Arbeitnehmer seinen Arbeitgeber ausnutzt, handelt nicht weniger verwerflich als der Arbeitgeber, der seinen Arbeitnehmer ausnutzt.

Liebe Güte!

Zurück zum Anfang, zur Geschichte von der Wunderkugel: Sie bringt Erfüllung, Spaß und Sinn, und wer sie kauft, braucht nichts zu bezahlen, sondern *bekommt* Geld. Die Geschichte veröffentlichte ich im Sommer 2015 auf *Spiegel Online*. Viele haben darauf reagiert: »Genau«, schrieben sie, »nicht die Arbeit frustriert, sondern der verlogene Stuss, den wir darüber erzählen.«

Widerspruch kam von einer Absenderin: »Du liebe Güte, Sie leben in einer beschissenen Welt«, schrieb sie in einer E-Mail. Es war die Pressesprecherin einer Firma, die Unternehmen dabei berät, Mitarbeiter »brennen« zu lassen. Regelmäßig fragen mich auch Radiosender: »Machen wir unsere Arbeit am besten, wenn wir am gewaltigsten unter ihr leiden?«

Wie beschissen ist die Welt, die ich schildere? Geht es darum, sich bei der Arbeit möglichst zu quälen? Ist

Freude im Job ein Alarmsignal? Sollen wir uns nicht anstrengen, keine Überminute machen, innerlich kündigen?

Selbstverständlich nicht. Ich idealisiere nicht eine Arbeitswelt, in der Vergnügen verboten ist. Wir freuen uns über jeden Chirurgen, der einen Kindheitstraum verwirklicht und Lkw-Fahrer wird. Über jeden Krankenhausreiniger, der für Patienten tanzt. Wir freuen uns über jede, die morgens im Bett jauchzt, weil sie zur Arbeit darf.

Es ist nicht so, dass das *schlimm* wäre. Das Schlimme, das ich kritisiere, ist etwas anderes: dass wir tun, als wäre dieser Zustand *normal*. Dass wir ihn zur Messlatte erheben, an der die Masse der Menschen jeden Tag zerbricht: Wenn deine Arbeit dich *nicht* von ganzem Herzen erfüllt, wenn du *nicht* für sie brennst, wenn deine Arbeit *nicht* dein »Selbst« ist, ist etwas nicht in Ordnung. Dann fehlt deinem Leben ein wichtiges Vitalsignal.

Die zitierten Reaktionen auf meine Thesen zeigen das Problem: Wir konzentrieren uns auf Extreme. Auf der einen Seite sind die paar Leute, die so jung, qualifiziert und unabhängig sind, dass sie sich täglich zehn neue Stellen aussuchen könnten. Deren Jobs Lifestyle-Objekte sind. Die in schicken Büros aufblühen, sich mit ihrer Visitenkarte identifizieren. Sie sind, zumindest von außen betrachtet, eng am Ideal, das wir verbreiten. Wenn sie mit ihrem Leben zufrieden sind (was nicht so klar ist, wie es scheint), gibt es für sie keinen Grund, etwas zu ändern. Aber diese Leute machen einen winzigen Teil der arbeitenden Bevölkerung aus.

Auf der anderen Seite stehen die Menschen, die unter ihrer Arbeit leblos leiden. Sie weinen echte Tränen. Sie müssen all ihre Kraft zusammennehmen, um sich morgens aufzuraffen. Sie haben einen der seltenen Jobs, in denen man beim besten Willen keinen Sinn findet. In denen man nicht von Menschen umgeben ist, sondern von Unmenschen. In denen es keine Führungskräfte gibt, sondern Peiniger. Die Arbeit macht sie krank oder tief unglücklich, und das Unglück breitet sich über ihr Leben aus: Es fräst sich in ihre Partnerschaft, ihre Familie, ihre Hobbys, vergiftet ihr Denken, Fühlen und Handeln. Bei diesen Menschen *muss* sich etwas ändern. Sie *brauchen* einen neuen Job, womöglich ärztliche Hilfe. Auch diese Gruppe stellt eine Minderheit dar.

Doch zwischen Jubeln und Weinen gibt es Abstufungen. Die überwältigende Mehrheit schwebt in der Mitte: Diese Menschen finden ihre Arbeit *in Ordnung*. Wenn morgens der Wecker klingelt, könnten sie liegen bleiben. Doch es ist für sie auch keine Horrorvision, zur Arbeit zu gehen. Ihre Kollegen sind nicht ihre besten Freunde, doch sie mögen die Ansprache

am Arbeitsplatz. Ihr Alltag fordert keine Höchst-
leistungen, doch sie betätigen sich in einer Weise,
die ihnen grundsätzlich liegt und ihrer Ausbildung
entspricht. Sie retten keine Leben, doch sie wissen,
dass sie etwas bewirken. Sie haben ihre Anweisungen, doch sie geben dem, was sie tun, eine persön-
liche Note. Sie hetzen nicht durch die Flure, machen
nicht am laufenden Band Überstunden, doch über die
Ergebnisse ihrer Arbeit hat sich nie jemand beklagt.
Ihr Gehalt macht sie nicht reich, doch sie werden angemessen bezahlt. Ihre Arbeit und ihr »Selbst« sind
nicht deckungsgleich, doch es gibt eine Schnittmenge
zwischen ihrem Charakter und dem, was sie tun. Sie
finden ihre Arbeit interessant, doch interessieren sie
auch so viele andere Dinge. Erfüllung bietet ihnen
das Leben in unterschiedlichen Bereichen: Freunde,
Familie, Freizeit. Die Arbeit ist ein Mosaikstein.

Im letzten Kapitel habe ich die Umfrage des Deutschen Instituts für Wirtschaftsforschung erwähnt,
die unter anderem ermittelt, wie zufrieden die Deutschen mit ihrer Arbeit sind. Den Grad ihrer Zufriedenheit sollen sie mit einer Zahl zwischen 1 (unzufrieden) und 10 (zufrieden) angeben. Ganz vorne stehen
Hochschullehrer, ganz hinten Lagerarbeiter. Lassen
Sie uns einen Blick auf die Details werfen: Was vermuten Sie, wo auf der Skala die beiden Extreme liegen?
10 versus 1? 9 versus 2? 8 versus 3? Nein. Die Hoch-

schullehrer erreichen 7,71 Punkte – die Lagerarbeiter 6,71. Ein einziger Punkt trennt die Glücklichsten von den Unglücklichsten der Arbeitswelt, auf einer Skala von eins bis zehn. Alle anderen Berufe liegen dazwischen, noch dichter beieinander. Für die Menschen in diesen Berufen bedeutet ihre Arbeit nicht das große Glück, die große Erfüllung und den großen Lebensinhalt. Aber sie sind mit ihrer Arbeit *ganz zufrieden*. Das beschreibt die Gefühlslage fast aller Arbeitenden in Deutschland.

Trotzdem sind viele von ihnen unglücklich – nicht wegen ihrer Arbeit, sondern weil ihnen die Gesellschaft permanent einredet, etwas sei nicht in Ordnung. Sie müssten etwas ändern, suchen, weitersuchen, ausprobieren, bis sie die Arbeit finden, die sie von Herzen erfüllt, mit der sie sich identifizieren, die große Liebe und Leidenschaft.

Damit sind wir bei der zweiten der beiden Ausnahmen, von denen wir es am Anfang dieses Buches hatten: Erinnern Sie sich an die Wörter, die Gefühle auslösen? Daran, dass ein Wort als Verb und Substantiv in der Regel ähnliche Gefühle hervorruft, »Miete« und »mieten« zum Beispiel negative, »Reise« und »reisen« positive? Zwei Ausnahmen gibt es von dieser Regel. Die erste betrifft, wie wir festgestellt haben, das Wortpaar »Arbeit« und »arbeiten«. Arbeit stimmt uns positiv, arbeiten negativ.

Die zweite Ausnahme bildet das Wortpaar »Suche« und »suchen«. Die Idee der Suche löst positive Gefühle aus. In ihr lebt Vorfreude auf Neues, Aufregendes, Besseres. Das Verb »suchen« stimmt uns negativ. Die Tätigkeit, das ständige Nachspüren, Vergleichen, ängstliche Umsichschauen – das ist die Hölle. Suche verspricht Hoffnung, suchen quält. Das gilt besonders, wenn wir etwas suchen, das es nicht gibt. Das Idealbild, das wir von der Arbeit zeichnen, ist ein Phantombild. Wer diese Arbeit sucht, jagt ein Gespenst.

Das Lebensglück der Mehrheit hängt nicht von ihrer Arbeit ab. Es scheitert am Gegensatz zwischen Realität und kolportiertem Ideal, den weltfremden Vorstellungen, die wir auf den vorangegangenen Seiten untersucht haben. Wer ein paar Minuten darüber nachdenkt, hat das Licht gesehen und kann nie mehr in das Stadium der naiven Nacht zurückfallen. Jeder, der die Lebenslügen der Arbeit aufrechterhält, macht sich mitschuldig am Schmerz der Massen.

Ich möchte für die Masse der Menschen den Zustand der *Zufriedenheit* wiederentdecken. Er liegt zwischen den Extremen, zwischen dem Brennen und dem Weinen. Anders als die Extreme ist er der Schlüssel zu einem auf Dauer gelingenden Leben.

Disruptiv, paradox – oder: Motivation durch Ehrlichkeit

Die Märchenstunde ist zu Ende. Wie alle Lügen fordern die Märchen der Arbeitswelt Zeit und Kraft, um aufrechterhalten zu werden: Wir inszenieren Leidenschaft, Wichtigkeit, Betriebsamkeit, Herausforderung. Wir inszenieren die Arbeit – statt sie zu machen. Was bleibt, sind Erschöpfung und Enttäuschung.

In der nüchternen Analyse liegt die positive Botschaft: Wenn wir der Masse der Menschen die Wahrheit über ihre Arbeit sagen, produzieren wir oben weniger Stress und unten weniger Enttäuschungen. Wer ehrlich spricht, statt zu faseln, überrascht seine Mitarbeiter und gewinnt ihren Respekt. Wahrheit entwaffnet, lässt Widerstände schwinden. Mitarbeiter werden gelassener zur Arbeit kommen; die Produktivität steigt mit der Stimmung.

Was leicht klingt, ist ein revolutionärer Schritt in

der Personalführung. Im angesagten Business-Sprech würde man es »Disruptive Leadership« nennen, den radikalen Bruch mit Überkommenem. In der Psychologie gibt es dafür einen zeitlosen Fachbegriff: »paradoxe Intervention«. Manche nennen den Ansatz auch »Symptomverschreibung«: Man nimmt die Symptome an, die man verhindern will. Das hilft besonders, wenn das »Symptom« die Wirklichkeit ist. Die »paradoxe Intervention« ist in der Psychotherapie erprobt. Sie hat Macht und Wirkung. So klingt sie im Arbeitsleben, so klingt Motivation durch Ehrlichkeit:

1. Dieser Betrieb wurde nicht erfunden, um euch mit der Arbeit zu beglücken, sondern um ein Produkt oder eine Dienstleistung für die Gesellschaft hervorzubringen – und damit euren und unseren Lebensunterhalt zu erwirtschaften.

2. Was ihr zu tun habt, ist im Großen und Ganzen vorgegeben. Es geht um ein gemeinsames Ergebnis, nicht darum, dass jeder seine eigenen Vorstellungen umsetzt.

3. Eure Arbeit ist meist Routine, sie wiederholt sich. Deshalb seid ihr gut darin.

4. Eure Arbeit hat einen Sinn für die Gesellschaft. Es ist nicht Aufgabe der Arbeit, eurem *Leben* einen Sinn einzuhauchen, den es ohne die Arbeit nicht hat. Für den Sinn eures Lebens seid ihr verantwortlich.

5. Es ist nicht nötig, dass ihr vor Leidenschaft vibriert. Entscheidend ist nicht, wie engagiert und leidenschaftlich ihr arbeitet – sondern, wie gut.

6. Bei der Arbeit stoßt ihr nicht nur auf liebenswürdige Menschen, sondern auf die gesamte Bandbreite der Gesellschaft. Damit klarzukommen ist Teil der Aufgabe, Teil des Lebens.

7. Niemand ist unersetzlich, niemand kann und muss die Welt alleine retten. Wir schätzen die Masse der normalen Menschen, die jeden Tag normal ihre Arbeit macht, ohne Trara und Getöse, ohne Theaternebel und heiße Luft. Ihr seid es, die unsere Organisation am Laufen halten. Ihr seid es, die den Unterschied machen.

8. Dafür werdet ihr bezahlt. Arbeit ist ein Tausch von Zeit gegen Geld. Wir bezahlen euch angemessen im Hier und Jetzt für die Arbeit, die ihr hier und jetzt leistet. Wir vergüten gleiche Arbeit

mit gleichem Lohn. Wir erwarten nicht, dass *ein* Mensch mit *einem* Gehalt die Arbeit von dreien erledigt. Wir versprechen euch nicht den Sinn, wohl aber den Unterhalt eures Lebens. Wer Vollzeit arbeitet, muss vom Lohn für seine Arbeit leben können.

9. Wie wir euch nicht den Lebens*sinn* schenken, müsst ihr uns nicht euer *Leben* schenken. Wir erwarten, dass ihr uns eure Arbeitszeit überlasst wie vereinbart – und während dieser Zeit arbeitet, statt Urlaub zu buchen.

Wenn wir die Wahrheit umarmen, schenkt sie uns Frieden. Jeder darf für seine Arbeit brennen. Doch nur wer es nicht *muss*, kann wahrhaft zufrieden werden, produktiv und gesund.

Nach- und Weiterlesen

Liebe, Arbeit, Mord

Wie Worte uns fühlen lassen, erläutern Raoul Schrott und Arthur Jacobs in *Gehirn und Gedicht. Wie wir unsere Wirklichkeiten konstruieren*, München 2011.

Die Wörterliste der Freien Universität Berlin ist unter dem Namen »Berlin Affective Word List« bekannt geworden. Sie finden sie unter www.ewi-psy. fu-berlin.de/einrichtungen/arbeitsbereiche/allgpsy/ BAWL-R/. Ihre Untersuchungen beschreiben Võ, Melissa Le-Hoa / Jacobs, Arthur M./Conrad, Markus, »Cross-validating the Berlin Affective Word List«, *Behavior Research Methods*, 2006 (38), Seiten 606–609, und Võ, Melissa Le-Hoa / Conrad, Markus / Kuchinke, Lars / Urton, Karolina / Hofmann, Markus J./Jacobs Arthur M., »The Berlin Affective Word List Reloaded (BAWL-R)«, *Behavior Research Methods*, 2009 (41/2). Seiten 534–538.

Für die »Vermächtnisstudie« haben *Die Zeit*, infas und das Wissenschaftszentrum Berlin für Sozialforschung mehr als 3100 Deutsche befragt. Die Ergebnisse zum Thema Arbeit stellt Kolja Rudzio vor im Artikel »Es ist Liebe« in *Die Zeit* vom 25. Februar 2016, Seite 19 f.

Wie das Glück im Tagesablauf schwankt, beschreiben Schöb, Ronnie / Weimann, Joachim / Knabe, Andreas, *Measuring Happiness: The Economics of Well-Being*, Cambridge 2015.

Das Ranking der Glücklichmacher (Platz 1: Sex!) finden Sie in Layard, Richard, *Die glückliche Gesellschaft. Kurswechsel für Politik und Wirtschaft*, Frankfurt 2005.

Eine Wunderkugel

Das Paradies, Beginn und Störung der Beziehung zwischen Arbeit und Mensch, ist verewigt in der *Bibel*, Altes Testament, Erstes Buch Mose (Genesis), Kapitel 3.

Aus der bewegten Geschichte der Arbeit habe ich wichtige Wendepunkte aufgeführt. Wer sich ausführlicher damit beschäftigen will, wie die Arbeit wurde, was sie ist, dem lege ich das Kapitel »Die lange Geschichte der Arbeit und die kurze Geschichte ihrer Verherrlichung« ans Herz, in: Braig, Axel / Renz, Ulrich, *Die Kunst, weniger zu arbeiten*, Berlin 2001.

Der »Gallup Engagement Index« ist repräsentativ für die Arbeitnehmerschaft in Deutschland ab 18 Jahren: GALLUP / Gallup GmbH, *Engagement-Index 2015*, Berlin 2016. Online finden Sie die aktuellen Ergebnisse unter www.gallup.de/183104/german-engagement-index.aspx.

Die Lebenslügen des Arbeitslebens

Leidenschaft

Die anteilnehmende Berichterstattung über den Herzchirurgen, der zum Brummifahrer wurde, erschließt sich Ihnen, wenn Sie »Herzchirurg Lkw« in eine Internetsuchmaschine tippen.

Der professionellen Urteilsfähigkeit von Ärzten, die Angehörige operieren, geht nach Gerst, Thomas, »Im Zwiespalt: Wenn die Familie Patient ist«, *Deutsches Ärzteblatt*, 2015 (17), Seite A-768 / B-648 / C-628.

Zahlen und Hintergründe zum Scheitern von Startups bereiten auf Triebel, Claas / Schikora, Claudius, »Scheitern bei Unternehmensgründungen, Warum machen so viele Start-ups pleite? Und warum gehört das Scheitern zum Gründen dazu?«, in: Kunert, Sebastian (Hrsg.), *Failure Management, Ursachen und Folgen des Scheiterns*, Heidelberg 2016, Seiten 235–248.

Herausforderung

Wie die Macht der Gewöhnung uns im Mutterleib befällt, beschreibt Peiper, Albrecht, »Sinnesempfindungen des Kindes vor seiner Geburt«, *Monatsschrift für Kinderheilkunde*, 1925 (29), Seiten 237–241.

»Boreout« als Gegenbegriff zum »Burn-out« prägen Rothlin, Philippe / Werder, Peter R., *Diagnose Boreout. Warum Unterforderung im Job krank macht*, Heidelberg 2007.

Sinn

Wen das Bedürfnis zu lernen antreibt, wer also mehr über die menschlichen Bedürfnisse erfahren will, sollte lesen Reiss, Steven, »Multifaceted Nature of Intrinsic Motivation: The Theory of 16 Basic Desires«, *Review of General Psychology*, 2004 (8/3), Seiten 179–193.

Wichtigkeit

Das Phänomen des »sozialen Faulenzens« können Sie vertiefen in Ringelmann, Maximilien, »Recherches sur les moteurs animés. Travail de l'homme«, *Annales de l'Institut National Agronomique*, 1913 (2 XII), Seiten 1–40, und von der Oelsnitz, Dietrich / Busch, Michael W., »Social Loafing. Leistungsminderung in Teams«, *Personalführung*, 2006 (9), Seiten 64–75.

Den traurigen Zusammenhang zwischen enttäuschten Erwartungen und Krankheiten erhellt Siegrist, Johannes, *Arbeitswelt und stressbedingte Erkrankungen. Forschungsevidenz und präventive Maßnahmen*, München 2015.

Menschen

Wie sich das »junge Team« in Stellenanzeigen vor dem Gesetz geschlagen hat, ist interessant und unterhaltsam. Manche Gerichte haben in der Formulierung eine Diskriminierung älterer Menschen gesehen, zum Beispiel das Landesarbeitsgericht Schleswig-Holstein im Urteil vom 29. Oktober 2013 (Aktenzeichen 1 Sa 143/13). Anderen Arbeitgebern gelang es, sich wie folgt herauszureden, zum Beispiel vor dem Landesarbeitsgericht Baden-Württemberg, Urteil vom 15. Januar 2016 (Aktenzeichen 19 Sa 27/15): Mit »jungem Team« meinen wir doch nicht das Lebensalter unserer Mitarbeiter. Wir wollen damit sagen, dass das Team noch nicht lange besteht.

Dienst nach Vorschrift

Die Studie unter den Krankenhausreinigern schildert ausführlich Schwartz, Barry, *Warum wir arbeiten*, Frankfurt 2016, Seiten 23 ff. Das Original beschreiben die Autorinnen der Studie im unveröffentlichten Arbeitspapier Wrzesniewski, Amy / Dutton, Jane E. /

Debebe, Gelaye, »A social valuing perspective on relationship sensemaking«, Ann Arbor 2000, sowie in dies., »Interpersonal sensemaking and the meaning of work«, *Research in Organizational Behavior*, 2003 (25), Seiten 93–135.

»Job crafting« prägen Wrzesniewski, Amy/Dutton, Jane E., »Crafting a Job: Revisioning Employees as Active Crafters of Their Work«, *Academy of Management Review*, 2001 (26/2), Seiten 179–201.

Die Dreiteilung der Arbeitswelt nehmen vor Wrzesniewski, Amy/McCauley, Clark R./Rozin, Paul/Schwartz, Barry. »Jobs, Careers, and Callings: Peoples's relations to their work«, *Journal of Research in Personality*, 1997 (31), Seiten 21–33.

Zum »Engagement Index« siehe die Angaben im Kapitel »Eine Wunderkugel«.

Zeit gegen Geld

Die Befragung der Deutschen über die Zufriedenheit mit ihrer Arbeit ist Teil des sozioökonomischen Panels (SOEP). Das SOEP ist eine repräsentative Wiederholungsbefragung im Auftrag des Deutschen Instituts für Wirtschaftsforschung Berlin. Jährlich werden in Deutschland etwa 30 000 Menschen in fast 11 000 Haushalten von TNS Infratest Sozialforschung befragt. Die Ergebnisse zur Arbeitszufriedenheit stellen vor und erläutern Bernau, Patrick / Rössler, Jochen, »Diese Berufe machen glücklich«, *Frankfurter Allgemeine Zeitung* online vom 22. Juni 2016.

Das Interview mit Bodo Janssen führte Verena Töpper für *Spiegel Online*: »Ich war ein Flop-Manager« vom 25. April 2016.

Du liebe Güte!

Kitz, Volker, »Gebt's doch zu, Arbeit nervt!« finden Sie auf *Spiegel Online* vom 6. Juli 2015. Bitte schmökern Sie in den Leserkommentaren!

Zum sozioökonomischen Panel siehe die Angaben im Kapitel »Zeit gegen Geld«, zur »Berlin Affective Word List« im Kapitel »Liebe, Arbeit, Mord«.

Disruptiv, paradox – oder:
Motivation durch Ehrlichkeit

Wenn Sie sich für die faszinierende Wirkungsweise der paradoxen Intervention interessieren, lesen Sie Seltzer, Leon F., *Paradoxical strategies in psychotherapy: A comprehensive overview and guidebook*, Oxford 1986.

Wie es um den aktuellen Gebrauch des Modebegriffs »Disruptive Leadership« in dieser Minute steht, müssen Sie selbst googeln. Modebegriffe ändern ihre Bedeutungen zu schnell für Bücher.

Björn Kern
Das Beste, was wir tun können, ist nichts
Band 03531

»Nichtstun heißt ja nicht, dass ich nichts tue. Nichtstun heißt, die falschen Dinge sein zu lassen.«

In seinem Buch ›Das Beste, was wir tun können, ist nichts‹ erzählt der preisgekrönte Schriftsteller Björn Kern, wovon wir alle träumen: Mehr Zeit, weniger Arbeit, mehr Leben. Wunderbar komisch und charmant schildert er seinen ganz eigenen Abschied von Fleiß und Tatendrang hin zu mehr Gelassenheit.

»Einziges notwendiges Selbsthilfebuch der Geschichte.«
Boris Pofalla, Frankfurter Allgemeine Sonntagszeitung

Das gesamte Programm gibt es unter
www.fischerverlage.de